Mantente Saludable, Mantente Joven - La Ciencia de Vivir Hasta Los 150

Ciencia de Longevidad de Vanguardia para Revertir el Envejecimiento y Vivir Una Vida Más Saludable y Larga

SERIE DE MAESTRÍA EN SALUD Y LONGEVIDAD
VOLUMEN UNO

Por Tad Sisler

A mi padre, Maynard. Fuiste un médico y sanador excepcional. Te importaba; escuchabas; dejaste el mundo en un lugar mejor.

Tu sed continua de conocimiento y excelencia con compasión creó un fuego en mi infancia que arde hasta el día de hoy. Gracias por impulsarme a pensar fuera de la caja y convertirme en una mejor persona.

Que Dios te acompañe, mi amado padre.

ÍNDICE DE CONTENIDOS: Página

PRÓLOGO

Mi padre, **Maynard Lee Sisler, M.D., F.A.C.P.**, me inculcó el amor por la ciencia y la medicina desde el momento en que pude caminar y hablar. Además de ser un médico certificado por la junta, era un hombre del Renacimiento. Papá había leído todos los libros clásicos desde temprana edad y me transmitió toda la sabiduría que pudo reunir mientras yo crecía. A los diez años, memoricé el soliloquio de **Shakespeare** de Hamlet y leí muchos de los clásicos por mí mismo, incluidos algunos de su vasta biblioteca de libros sobre física y medicina. Papá era internista, capitán en la Marina de los Estados Unidos, y se convirtió en jefe de Medicina en el hospital Army-Navy más grande del mundo en Corpus Christi, Texas. Más tarde, se convirtió en fellow de la **American College of Physicians** y miembro de la **Royal Society of Medicine** de Londres.

Padre de Tad Sisler, Maynard Lee Sisler, M.D., F.A.C.P

Fuente – Colección Privada Sisler

El mundo de la medicina en la era de mi padre fue uno de milagros médicos: el descubrimiento de los antibióticos y la vacuna contra la polio, entre otros. Al mismo tiempo, la medicina moderna comenzó a alejarse del enfoque holístico de siglos atrás y se volvió más dependiente de los productos farmacéuticos y del tratamiento en lugar de la prevención de enfermedades. Prescribir medicamentos en lugar de identificar y prevenir la causa raíz se convirtió en la norma. Muchos médicos veían a los pacientes como clientes.

Recuerdo a mi padre siendo acosado por vendedores de medicamentos que lo colmaban de bolígrafos, blocs de notas y otros regalos que luego traía a casa como "premios" para mí. Conocía los nombres y las interacciones de muchos medicamentos antes de los ocho años. Aun así, mi padre era un médico cuidadoso y reflexivo, haciendo lo mejor para tratar y sanar a sus pacientes con las herramientas de su época.

En ese momento, había un mercado mucho más grande para los medicamentos farmacéuticos que para estilos de vida saludables, pero aun así mi padre advertía contra la sobreprescripción, mucho antes de que fuera una práctica común.

Mi padre fue uno de los primeros en implementar los milagros médicos de principios y mediados del siglo XX. Es hora de volver a los milagros médicos. Creo firmemente que ahora vamos en esa dirección.

Entre los años en que mi padre dirigió hospitales navales de EE. UU. en Corpus Christi y San Diego, a menudo me llevaba a hacer rondas en los hospitales. Muchos de sus pacientes eran almirantes retirados de la Segunda Guerra Mundial con una serie de dolencias provocadas por condiciones de vida difíciles y normas sociales de su tiempo, como el tabaquismo y el consumo excesivo de alcohol. Papá me mostraba casos avanzados de diabetes, gota, o cómo las enfermedades cardíacas o el cáncer podían debilitar a una persona. En lugar de sentir repulsión, yo estaba fascinado.

Mi padre estaba suscrito a todas las principales revistas médicas. De niño, leía artículos en muchas de ellas, incluido el New England Journal of Medicine. En una era en que muchas personas tenían revistas como Life o Vogue en sus hogares, yo tenía revistas médicas para hojear. Por supuesto, mucha de la información estaba por encima de mi comprensión, pero mi padre me enseñó a navegar por la información médica para discernir qué estudios o ensayos podrían haber sido financiados o incluso manipulados por las compañías farmacéuticas para promover un nuevo medicamento. Incluso un niño puede ver la propaganda cuando se le señala.

Mi padre despreciaba a la profesión médica por ver el cuerpo como muchas partes separadas en lugar de un sistema unificado. Además de su tiempo en la Marina, odiaba que un "buen" seguro solo estuviera disponible para quienes podían pagarlo. De hecho, cuando se retiró de la Marina y se dedicó a la práctica privada como médico rural en un pequeño pueblo de Missouri (su sueño de toda la vida), a veces aceptaba pollos, sandías u otros trueques como pago de sus honorarios por parte de agricultores en dificultades.

Más adelante en su carrera, mi padre criticaba el hecho de que las grandes farmacéuticas usaran a la sociedad como conejillos de indias e inflaran el costo de medicamentos que salvaban vidas, y que el establecimiento médico tratara los síntomas antes que las causas. Me decía que todo lo que un médico debía hacer era escuchar a su paciente, y descubriría mucho antes de necesitar recetar algo. Mi padre se convirtió en un maestro y mentor favorito para los internos, recibiendo muchos premios y reconocimientos. Su dedicación a la medicina me fascinaba, y de niño creía que tenía poderes curativos en su noble profesión. Mi amor por la medicina solo creció con el tiempo, pero mi carrera estaba destinada a tomar otro rumbo.

Mi madre, **Elaine Witt Sisler**, era una pianista de concierto y me enseñó a tocar el piano desde muy pequeño. Había sido una niña prodigio, dando su primer recital a los 5 años y actuando como solista para la Sinfónica de Chicago a los 17. Su pasión por la interpretación se convirtió en la mía. En algún momento, mi amor por la música superó mi amor por la medicina, y dediqué mi vida a la música y las artes.

Sin embargo, el dado estaba echado, y la búsqueda insaciable de mi padre por, como él decía, "asegurarte siempre de que tu alcance supere tu agarre" me llevó a adoptar un enfoque socrático en la vida, haciendo cada vez más preguntas y continuando mis estudios en medicina y ciencia.

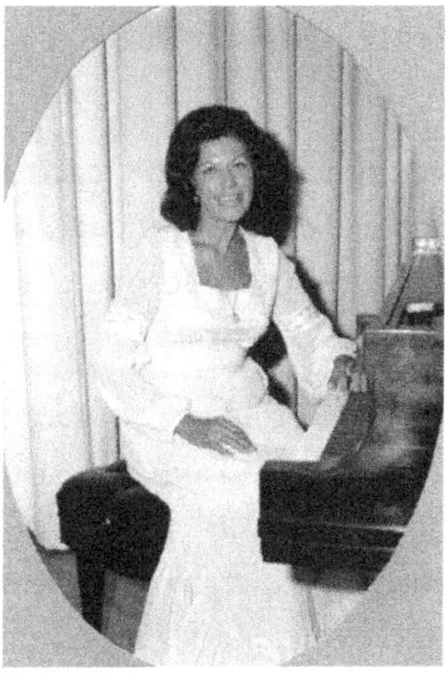

Madre de Tad Sisler, Elaine Witt Sisler

Fuente – Colección Privada Sisler

A los 22 años, trabajaba en un horario agotador de seis días a la semana, conduciendo dos horas en cada dirección por una carretera montañosa de Nevada desde Reno hasta South Lake Tahoe para trabajar, montando mi equipo, actuando durante seis horas en **Harvey's**, desmontando y conduciendo de regreso tarde en la noche hacia mi familia que me esperaba. Para mantenerme despierto mientras conducía a casa, abría las ventanas del coche y sacaba la cabeza por momentos en el frío glacial, y escuchaba la radio hablada. El gran locutor **Larry King**, quien más tarde se convirtió en mi amigo, tenía un programa de radio nocturno nacional entrevistando a todas las personas icónicas de la época. Una noche, King entrevistó al gran doctor **Michael DeBakey**, quien había realizado el primer trasplante de corazón. El **Dr. DeBakey** habló sobre la salud cardíaca a través del ejercicio cardiovascular y una buena dieta.

También mencionó que, si eres corredor, deberías considerar caminar rápido en lugar de correr después de los cuarenta años, porque es mejor para tu corazón, y tus rodillas y caderas no se desgastarán tan rápido como lo harían si continuaras corriendo.

En ese momento, no habría soñado que, en algún punto de mi vida, nuevas terapias con células madre podrían permitirnos a todos regenerar nuestras rodillas, caderas o hombros sin preocuparnos por la degeneración o cirugías dolorosas.

Otra noche, **Larry King** entrevistó a un científico (¡ojalá recordara su nombre!). El científico dijo que, a lo largo de la historia, las especies que no evolucionaron para expandir su capacidad cerebral durante un período de 75,000 años estaban condenadas a extinguirse. Mencionó que el cerebro humano no ha expandido su capacidad durante este período. Sin embargo, creía que, al haber inventado las computadoras, podíamos lograrlo externamente, y las computadoras (como un cerebro superior) salvarían a la especie. Este concepto refleja las palabras de **David Gerrold:**

"En toda la historia de la especie humana, cada herramienta que hemos inventado ha sido para ampliar el poder muscular. Todas excepto una. El circuito integrado, la computadora. Eso nos permite usar nuestro poder cerebral."

A veces, hoy en día, cuando miro lo que podría surgir de la robótica militar, los drones y otros inventos terribles, ¡temo un escenario como el de *Terminator*! Pero creo que el científico tenía un punto excelente, y estos inventos naturalmente ampliarán nuestra esperanza de vida a través de nuevos y acelerados descubrimientos. Computadoras a nanoescala en el torrente sanguíneo limpiando placa, reduciendo enfermedades o permitiendo más funciones cerebrales ya podrían estar en el horizonte. El progreso siempre da miedo al principio.

Larry King con Tad Sisler
Fuente – Colección Privada Sisler

Años después, conducía a casa tarde en la noche después de otro concierto, escuchando otro programa de radio, y el presentador mencionó que creía que la primera persona que viviría hasta los 150 años ya había nacido. Me sorprendió escuchar esto porque la persona que había vivido más tiempo en mi propia familia fue mi abuela **Audrey Athey Sisler**, que llegó a los 94 años.

Más recientemente, en 2025, **Bryan Johnson**, un emprendedor y capitalista de riesgo, afirmó que estaba trabajando en el concepto de vivir para siempre mientras estudiaba el antienvejecimiento e infundía su sangre con plasma de su hijo adolescente. El **Dr. Aubrey de Grey**, un gerontólogo biomédico inglés, es conocido por su opinión de que la tecnología médica podría permitir que los seres humanos vivos hoy no mueran por causas relacionadas con la edad, sugiriendo que podría haber alguien vivo hoy que vivirá 1,000 años. Aunque esto parece inverosímil según los estándares actuales, muchos científicos creen que, con la llegada de la computación cuántica, si podemos avanzar otros cinco años, tendremos la tecnología para vivir fácilmente hasta edades avanzadas de entre 120 y 140 años.

Aunque hoy en día hay más centenarios vivos en la Tierra que en cualquier otro momento de la historia registrada (se estiman 573,000 en 2024 según Worldometers, lo que representa solo el 0.007% de la población mundial total), según el Grupo de Investigación en Gerontología, solo habría entre 150 y 600 supercentenarios —individuos de 110 años o más— vivos hoy.

Entonces, con un tamaño de muestra actual tan pequeño, ¿cómo puede alguien afirmar que las personas que ya han nacido llegarán a los 150 años?

Mientras investigaba este tema, leyendo excelentes libros nuevos que recomendaría encarecidamente, como "Lifespan" de **David A. Sinclair** y "Life Force" de **Tony Robbins**, me asombró la cantidad de investigación y desarrollo en longevidad que está ocurriendo en este momento por parte de científicos líderes en todo el mundo. Habiendo ganado yo mismo un codiciado **Premio Reader's Favorite** como autor de una biografía que escribí sobre un famoso trompetista, siempre estoy buscando libros que me cautiven y me ayuden a estirar mi imaginación lo más posible. Aunque cada uno de estos libros (y otros que encontré) son fuentes preciosas de información sobre el envejecimiento, aún no he visto un libro que incorpore la ciencia de vanguardia con una visión integral, incluyendo remedios naturales a lo largo de las épocas, efectos psicológicos y de salud mental en el envejecimiento, nutricéuticos y suplementos importantes y posibles contraindicaciones, estrategias de estilo de vida basadas en la historia y la genética, así como en la ciencia, toxinas ambientales que evitar, o un plan detallado sobre lo que podría hacer hoy y todos los días para tener la mayor posibilidad de llegar a los 150 años. Hago lo mejor que puedo para lograr esto en estas páginas. Admito que me he frustrado porque tantos avances están en el horizonte. Sin embargo, en este momento no hay mucho que podamos hacer aparte de comer bien, hacer ejercicio, tomar unos pocos suplementos nuevos y dormir lo suficiente. Pero es un buen comienzo. A través de este libro, proyecto límites de tiempo para cuando podamos esperar que ocurran nuevos desarrollos (lo mejor que puedo). Al final del libro, te dirigiré hacia investigaciones continuas.

Un estudio de *Stanford Medicine* revela la invención de "inodoros inteligentes", inodoros detectores de enfermedades que pueden percibir múltiples signos de enfermedad a través de un análisis automatizado de orina y heces. Leí en otro lugar que los científicos están trabajando en la idea de una "casa inteligente" futurista donde tu inodoro analiza tu orina y heces, y para cuando llegas a la cocina, tu refrigerador está listo para dispensar una mezcla perfecta de suplementos, nutricéuticos y farmacéuticos para mantenerte en óptima salud durante el día. ¡El futuro tiene posibilidades infinitas!

Como cineasta, gané un codiciado **Premio Telly** por mi documental *"Journey to an Extraordinary Life"*. Profundizar en lo que hace que las personas exitosas funcionen fue una revelación, porque encontré un hilo de similitud en cada persona legendaria que entrevisté.

Todos estamos conectados en esta existencia terrenal de maneras que nunca soñamos. Dentro de todos nosotros están las semillas para el éxito, la salud y la longevidad. La inteligencia artificial está trayendo un nuevo mundo de descubrimientos y cambios, pero nuestra humanidad debe estar siempre en primer plano mientras incorporamos nanobots literalmente en nuestros cuerpos para extender nuestra salud y longevidad. Creo en el maestro inventor y autor **Ray Kurzweil** cuando dice:

"Para cuando lleguemos a la década de 2040, podremos multiplicar la inteligencia humana por mil millones. Eso será un cambio profundo de naturaleza singular. Las computadoras seguirán haciéndose cada vez más pequeñas. En última instancia, entrarán en nuestros cuerpos y cerebros y nos harán más saludables, nos harán más inteligentes."

Ray Kurzweil
Crédito - Wikimedia Commons

Sin embargo, ¿cómo navegamos a través de ***"las flechas y dardos de la indignante fortuna"***, las calamidades que pueden ocurrir en cualquier momento, enfermedades, accidentes y actos de la naturaleza? ¿Cómo conquistamos la adicción a las drogas, la violencia, la obesidad?

Mi querida hermana **Judith Sisler Pedro** fue enfermera registrada con un máster. **Judy** fue oficial de la *Fuerza Aérea de los Estados Unidos*. Era brillante y podía enseñar cualquier concepto médico como si recitara de un libro de texto. Sin embargo, con todo el conocimiento y la perspicacia que tenía, a los 64 años sufrió una picadura de garrapata en un festival en Wyoming y murió tres semanas después de fiebre maculosa de las Montañas Rocosas. Para cuando se diagnosticó la enfermedad, ya era demasiado tarde. Quedé devastado por la pérdida repentina e inesperada de mi hermana, una persona por lo demás saludable. Algunas cosas están más allá de la comprensión o la explicación. La vida es una lotería. Si crees en la vida después de la muerte, algunas cosas deben dejarse a Dios, al Universo o, posiblemente, al destino, pero lo más que podemos hacer es actuar ahora para inclinar las probabilidades a nuestro favor.

Hermana de Tad Sisler, Judy Pedro
Fuente – Colección Privada Sisler

Antes de que mi hermana **Judy** muriera, solíamos dar largos paseos y hablar sobre el significado de la vida. En una conversación, predijo que, cuando muramos, se nos revelará tanto que simplemente no podemos ver ni comprender ahora porque estamos actualmente encerrados en la física limitada de la Tierra. Ojalá pudiera hablar con ella hoy sobre el milagro que estamos a punto de presenciar con la computación cuántica. Dentro de los próximos diez años, vamos a ver alrededor de cuatrocientos años de progreso, y gran parte de esto estará en el área de la extensión de la vida.

El hermano de mi padre, mi tío **Bill Sisler**, dijo: "***Más adelante en la vida, me di cuenta de que por cada año que había trabajado y corrido duro tratando de exprimir dos años en cada año de mi juventud, el resultado cada año era restar un año del final de mi vida".*** Está bien trabajar duro y jugar duro, pero al mismo tiempo, debemos hacer lo mejor con lo que tenemos para mantenernos saludables y vitales, aprender a dosificarnos y reducir el estrés siempre que podamos. En 2008, **Ray Kurzweil** también profetizó que nuevos avances en longevidad llegarán de manera exponencial durante la década de 2030 si podemos mantenernos vivos hasta entonces. ¡Abróchense los cinturones!

EL COCIENTE DE FELICIDAD

Repetiré muchas veces en este libro la idea de que las actitudes y las emociones dictarán tu cociente de felicidad en la vida y contribuirán en gran medida a la longevidad. ¿Cuál es el significado de una vida larga sin algún nivel de felicidad? ¿Y cómo se vuelve uno feliz o se mantiene el contentamiento y la alegría? Para más información sobre este tema, consulta mi libro **La ciencia del pensamiento positivo: Cómo la mentalidad, los hábitos diarios y el bienestar emocional pueden agregar años a tu vida.**

Elon Musk publicó recientemente en la plataforma **X** que ***"Estamos en el horizonte de eventos de la singularidad".*** La singularidad se define como un momento hipotético en el que las máquinas superan la inteligencia humana, lo que lleva a una nueva era de evolución tecnológica rápida. Hipotético o no, la era de la computación cuántica ha llegado, y vamos a experimentar varios cientos de años de innovación dentro de la próxima década, revolucionando todo lo que sabemos sobre la experiencia humana. Entonces, ¿qué quedará cuando las máquinas se hagan cargo de todas las tareas básicas y la mayoría de los trabajos? Las máquinas pueden ser mucho más educadas que nosotros, pero la experiencia humana seguirá siendo única, y los temas básicos de familia, comunidad, amor y bondad se volverán aún más importantes a medida que aprendamos a vivir nuestras vidas de manera diferente. Agrega esperanzas de vida y esperanzas de vida saludable más largas a eso, y tendrás la receta para un siglo asombroso por delante. La vida, la libertad y la búsqueda de la felicidad deberían ser el objetivo de todos.

El Informe Mundial de la Felicidad (y otros estudios globales de bienestar) coloca consistentemente a países como **Finlandia, Dinamarca, Noruega, Islandia** y **Suiza** en o cerca de la cima de las clasificaciones de felicidad. Estas naciones comparten varias características centrales: fuertes lazos comunitarios, apoyo social, equilibrio entre trabajo y vida, y servicios públicos robustos, que contribuyen al contentamiento general. A continuación, se presentan **diez de las "claves para la felicidad" más importantes** extraídas de estos lugares más felices, enfatizando la comunidad, la familia, la armonía y la calidad de vida.

FUERTE SENTIDO DE COMUNIDAD Y APOYO SOCIAL

Las personas en países más felices reportan sentirse apoyadas por amigos, vecinos y organizaciones locales. Esta profunda confianza social se extiende a la vida diaria, ya sea pidiendo un poco de azúcar prestado a tu vecino o confiando en un grupo comunitario en tiempos de crisis.

En las naciones nórdicas, las actividades comunales y los clubes (por ejemplo, asociaciones deportivas y culturales) son comunes, lo que fomenta redes sociales sólidas y reduce el aislamiento.

ÉNFASIS EN LA CRIANZA DE NIÑOS Y EL BIENESTAR FAMILIAR

Las sociedades que invierten fuertemente en el cuidado infantil, la educación y las licencias parentales permiten a los padres equilibrar el trabajo y la familia. Esto reduce el estrés y promueve un desarrollo infantil más saludable. Las políticas generosas de licencias parentales en Escandinavia y el cuidado infantil subsidiado aseguran que los padres puedan vincularse con sus hijos sin temor a perder ingresos o seguridad laboral. Nutrir una familia saludable y feliz es la clave para reducir la violencia y el crimen en la sociedad.

EQUILIBRIO ENTRE TRABAJO Y VIDA

Todo trabajo y nada de juego hacen de Jack un chico aburrido. Los trabajos que permiten horarios flexibles, tiempo libre suficiente y días de vacaciones ayudan a las personas a mantener su salud mental y física. El exceso de trabajo crónico a menudo lleva al agotamiento, lo que disminuye la felicidad general. Recuerda el adagio, sin embargo, de que si amas lo que haces, no trabajas ni un día en tu vida. Elige una profesión que te haga feliz si puedes.

En Finlandia y Dinamarca, la semana laboral estándar a tiempo completo a menudo incluye fuertes protecciones para el tiempo libre, y culturalmente se acepta salir de la oficina a tiempo para estar con la familia o perseguir intereses personales.

CONFIANZA Y BUEN GOBIERNO

Una alta confianza en el gobierno y en los conciudadanos se correlaciona fuertemente con la felicidad. Cuando las instituciones son transparentes y justas, las personas se sienten seguras y menos estresadas. La baja corrupción, el acceso a servicios gubernamentales funcionales y los programas de bienestar social en muchos países del norte de Europa llevan a un sentido de seguridad: las personas creen que sus impuestos se usan responsablemente para el bien común. Estados Unidos podría estar moviéndose de nuevo en la dirección de la accountability y la transparencia en el gobierno, lo que debería traer un mayor sentido de felicidad general en América.

IGUALDAD Y REDES DE SEGURIDAD SOCIAL

Amplias redes de seguridad social (por ejemplo, acceso a la atención médica, beneficios por desempleo, sistemas de pensiones) amortiguan las dificultades de la vida. Sin embargo, debemos tener cuidado de no estropear esto con impuestos excesivos y regulaciones excesivas. Una base sólida de igualdad ayuda a reducir el estrés y el resentimiento, fomentando la armonía social. Ama a tu prójimo y aprende a entenderlo en lugar de temer o detestar tus diferencias culturales. Suelta la ira y el odio, y no dejes que las acciones de otras personas te afecten. Recuerda las palabras transformadoras de **Miguel Ruiz** en su libro *Los Cuatro Acuerdos:*

"No tomes nada personalmente".

La brecha entre los más ricos y los más pobres es más pequeña en muchos de los países más felices, reduciendo las tensiones sociales y mejorando el bienestar comunitario general. Sobre todo, creo que la idea de ricos contra pobres fomenta el resentimiento y podría trabajar en contra de nuestra búsqueda de más felicidad. Aprender a ser feliz con lo que tenemos es un desafío y una bendición.

EDUCACIÓN DE ALTA CALIDAD

Sistemas educativos accesibles nutren el crecimiento intelectual, emocional y social de los niños. La educación también proporciona oportunidades de movilidad ascendente, contribuyendo a un sentido de esperanza y justicia. Estados Unidos aprendió una valiosa lección de que un vasto financiamiento no siempre es la respuesta. Capacitar a maestros brillantes que se preocupen es un concepto mucho mejor que arrojar dinero a un problema. Arroja dinero a los salarios de los mejores maestros en su lugar, basados en el mérito.

El sistema educativo de Finlandia es mundialmente reconocido por su enfoque en la autonomía del estudiante, el pensamiento creativo y las pruebas estandarizadas mínimas, lo que lleva a una alta satisfacción entre estudiantes y maestros por igual.

ESTILO DE VIDA SALUDABLE Y CONEXIÓN CON LA NATURALEZA

La actividad física regular, el énfasis en la recreación al aire libre y el acceso a espacios verdes contribuyen a una mejor salud mental. Pasar tiempo en la naturaleza reduce el estrés y promueve la felicidad.

Los países nórdicos fomentan el ciclismo o caminar para los desplazamientos diarios, tienen parques y áreas recreativas abundantes, e incluso priorizan el **"friluftsliv"** (el concepto noruego de vida al aire libre).

CULTURA DE EQUILIBRIO FUNCIONAL ENTRE AUTONOMÍA Y COMUNIDAD

Las personas prosperan cuando sienten libertad individual (para tomar decisiones y perseguir pasiones) y un fuerte sentido de pertenencia (que otros las respaldan). Equilibrar la autonomía personal con el bienestar colectivo reduce el estrés.

En Dinamarca, el concepto de **"hygge"** (acogedor y convivialidad cómoda) combina la comodidad personal con el vínculo social, reflejando la autonomía personal y el espíritu comunitario.

PROPÓSITO, SIGNIFICADO Y APRENDIZAJE DE POR VIDA

¿Qué pasa con las personas que simplemente no quieren vivir tanto tiempo? No podía creer que alguien no quisiera vivir una vida extendida si estuviera saludable y generalmente feliz hasta que me encontré con una amiga en sus setenta y le conté sobre este libro. Me miró casi confundida y dijo: ***"Oh, no, estaré feliz de vivir hasta los 90 y luego quiero dejar el planeta. No he tenido hijos, y las cosas no son las mismas ahora que cuando era más joven".*** Le gustaba más la vida entonces, estaba descontenta con la situación política actual tal como la veía... y incluso cuando le pregunté si pensaba que podría pensar diferente cuando llegue a los 90 y aún se sienta genial... no pude cambiar su fuerte convicción de que absolutamente no quería ni siquiera considerar una esperanza de vida extendida. Debo respetar esta forma de pensar, y sé que todo cambia a nuestro alrededor a medida que evolucionamos y progresamos. A veces, la vida no sale como esperábamos, pero aún podemos encontrar significado en nuestros intereses, familia, voluntariado, ayudando a otros o cien cosas más. Si me dan la oportunidad de vivir una vida muy larga y saludable, me sentiría casi obligado a aprovechar al máximo este regalo. Por supuesto, rezo por la seguridad de mi familia diariamente, y sé que todos experimentamos tragedias y puntos bajos, pero como dijo mi amigo músico de blues: ***"Si no sintiéramos los extremos bajos, no apreciaríamos tanto los altos".***

El soliloquio de *Shakespeare* de *Hamlet*, que memoricé a los 10 años, es una revelación profundamente personal de un hombre atormentado contemplando el suicidio. Admite en algún punto que ***"la conciencia hace cobardes de todos nosotros"***, decidiendo que su miedo a lo que yace más allá de la muerte es más fuerte que su deseo de acabar con su vida. En algún momento de nuestras vidas, todos experimentaremos un dolor paralizante. ¿Cómo lidiaremos con esto cuando suceda? ¿Cómo encontraron mis abuelas la fuerza para lidiar con sus dolores paralizantes? Creo que la respuesta es el coraje. **Sir Winston Churchill** dijo:

"Sin coraje, todas las otras virtudes pierden su significado".

Cuando mi esposa murió, mi padre me llamó y me recordó la gran cita de **Albert Camus**: ***"En medio del invierno, encontré que había, dentro de mí, un verano invencible".*** Excava profundo en la fuerza de tu alma, tu luz brillante, y encuentra tu propio verano invencible. Incluso el león cobarde en *El Mago de Oz* encontró que siempre tenía coraje; solo lo había perdido de vista por un tiempo. Y eso está bien. Hay pasos concretos que puedes tomar para sacarte de la desesperación. No te quedes allí. Reinvéntate. Siempre encuentra algo que esperar.

Las personas que encuentran significado en su trabajo, pasatiempos o esfuerzos voluntarios reportan una mayor satisfacción con la vida. Las comunidades que fomentan la construcción continua de habilidades y el crecimiento personal ven tasas más bajas de depresión.

Los cursos de educación para adultos y las oportunidades financiadas para aprender nuevas habilidades son generalizadas en muchos países europeos, ayudando a las personas a mantenerse intelectualmente comprometidas más allá de los años escolares tradicionales.

NORMAS CULTURALES DE GRATITUD Y OPTIMISMO

Una mentalidad cultural que prioriza la gratitud y celebra placeres simples (como una comida compartida o una buena conversación) refuerza el pensamiento positivo.

En Islandia, a pesar del clima desafiante y los largos inviernos, las personas a menudo hablan de la belleza en los momentos cotidianos y se apoyan mutuamente en sus pursuits, resultando en una perspectiva comunitaria resiliente y positiva.

Para resumir, la felicidad es **multifacética**: depende de estructuras sociales (como un gobierno efectivo y redes de seguridad social), factores de estilo de vida personal (como el equilibrio entre trabajo y vida y las actividades al aire libre) y valores culturales (como la confianza, la gratitud y la armonía comunitaria). Los **países más felices** reflejan estos **diez principios centrales** en sus políticas y vida diaria. Adoptar algunas de estas claves puede llevar a un entorno más contento, armónico y de apoyo si buscas mejorar el bienestar, a nivel personal o dentro de una comunidad más grande.

Trabajar hacia un objetivo de contentamiento general agregará años de calidad a tu vida. Y sobre todo... aunque los factores que acabo de mencionar se sabe que juegan un papel en la felicidad general, en realidad es solo una elección simple. Puedes despertar cada día decidiendo ser feliz o no. Todo depende de ti. Y te prometo, la búsqueda de la felicidad contribuirá en gran medida a la posibilidad de que vivas hasta los 150 años. Un estudio de 2023 en The Lancet encontró que los individuos con alto optimismo y felicidad tenían un 15% menos de riesgo de mortalidad por todas las causas durante 10 años, vinculado a una mejor salud cardíaca y menor estrés.

Verás otros temas recurrentes a lo largo de este libro... Reduce o elimina la inflamación; duerme lo suficiente; come bien; haz ejercicio; toma suplementos; considera el ayuno intermitente. Todos estos son solo sugerencias de sentido común para una salud óptima, y podrías imaginar que incorporarlos a tu vida podría absolutamente aumentar tu potencial para la longevidad. Podrías cansarte de ver repetidamente estos temas recurrentes a lo largo del libro, pero haz caso: estos son los bloques de construcción para todo lo demás.

Espero y creo que alguien abrirá este libro dentro de un siglo y se reirá de lo que aún no sabíamos mientras entrábamos en el segundo cuarto del siglo XXI. Pero tal vez esa misma persona se maraville de que teníamos todos los bloques de construcción en su lugar para avances en longevidad y reversión del envejecimiento que, con suerte, darán por sentados para entonces. Sinceramente espero que vivas hasta los 150 años; cuando lo hagas, el mundo será diferente. Mientras tanto, haz lo mejor para difundir amor, bondad y alegría (descubrirás que las actitudes y emociones positivas son parte de llegar allí de todos modos), ¡y espero verte entonces! Primero, averigüemos cómo hemos llegado tan lejos.

"La juventud no tiene edad". – Pablo Picasso

EXTREMADAMENTE IMPORTANTE – LEE ESTO ANTES DE PROCEDER

DESCARGO DE RESPONSABILIDAD MÉDICO

La información proporcionada en este libro es solo para fines informativos y no pretende reemplazar el consejo, diagnóstico o tratamiento proporcionado por un profesional médico licenciado. El autor y el editor no son profesionales médicos y no pretenden ofrecer consejos médicos. Se aconseja a los lectores que consulten con un proveedor de atención médica calificado antes de comenzar cualquier nuevo régimen de salud, incluyendo, pero no limitado a, cambios dietéticos, programas de ejercicio, uso de suplementos u otras prácticas relacionadas con la salud discutidas en este libro. Algunas de las ideas o técnicas descritas en este libro pueden no ser viables o disponibles, y otras están en desarrollo y aún no probadas. Los métodos, técnicas y prácticas descritas en este libro pueden no ser adecuados para todos los individuos, y su efectividad y seguridad pueden variar según las condiciones de salud personales y las circunstancias. No se hacen garantías ni warranties de ningún tipo respecto a la precisión, completitud o idoneidad de la información proporcionada. El lector asume la plena responsabilidad por cualquier acción tomada o decisión hecha basada en el contenido de este libro. El autor y el editor renuncian a cualquier responsabilidad por cualquier lesión, pérdida o daño causado directa o indirectamente por el uso o mal uso de la información contenida en este documento.

DESCARGO DE RESPONSABILIDAD LEGAL

Este libro se presenta solo para fines informativos y educativos. No pretende proporcionar consejos médicos, legales, financieros ni ninguna otra forma de consejo profesional. El contenido se basa en investigaciones, opiniones y fuentes consideradas confiables en el momento de la publicación; sin embargo, el autor y el editor no hacen representaciones ni warranties respecto a su precisión, completitud o aplicabilidad a cualquier individuo o circunstancia particular. El lector es el único responsable de cualquier decisión tomada o acción realizada basada en la información de este libro. Al leer este libro, el lector acepta eximir al autor, editor y cualquier parte afiliada de cualquier y todas las reclamaciones, demandas, responsabilidades o daños que surjan directa o indirectamente del uso, mal uso o aplicación de cualquier contenido dentro. Este libro no establece una relación profesional entre el autor, el editor y el lector. Los lectores siempre deben buscar el consejo de un profesional calificado para preocupaciones, problemas o decisiones específicas. Cualquier referencia a productos, prácticas o métodos no constituye un endoso o garantía por parte del autor o editor. El contenido, incluyendo cualquier discusión sobre suplementos, terapias o desarrollos científicos emergentes, está sujeto a cambios a medida que surjan nuevas investigaciones y evidencias. El autor y el editor renuncian a cualquier responsabilidad por errores u omisiones y no son responsables de las consecuencias que surjan del uso de este libro.

Crédito – rawpixel.com

INTRODUCCIÓN
LA BÚSQUEDA ETERNA DE LA JUVENTUD

PERSPECTIVAS HISTÓRICAS SOBRE EL ENVEJECIMIENTO Y LA INMORTALIDAD

Desde el amanecer de la civilización, hemos estado cautivados por el atractivo de la vida eterna. Mitos y leyendas de todos los rincones del mundo hacen eco de este deseo, contando grandes historias de fuentes místicas, elixires e intervenciones divinas que otorgan inmortalidad o juventud prolongada.

La Biblia afirma que **Matusalén** vivió hasta los 969 años, y **Jared** hasta los 962. Si te resulta difícil aceptar la interpretación literal de estas esperanzas de vida inusualmente largas, podrían ser representaciones simbólicas de la sabiduría, tal vez, o la numerología antigua podría haber influido en cómo se registraban las edades. En el momento de escribir esto, la persona documentada con la vida más larga en nuestra época es **Jeanne Calment**, de Francia, quien vivió hasta los 122 años y murió en 1997.

¡Imagina las posibilidades de descubrimiento y sabiduría humana si todos tuviéramos la oportunidad de vivir más tiempo! ¿Qué más habría inventado **Edison,** o postulado **Einstein**? ¿Cuánto mejor pianista podría haber sido **Art Tatum** si eso fuera posible? Profundicemos en el rico tapiz de perspectivas históricas sobre el envejecimiento y la inmortalidad, y en el camino, exploraremos mitos antiguos, prácticas médicas tempranas y las filosofías de pensadores influyentes que moldearon nuestra comprensión de la salud y la longevidad. Luego, empezaremos a pensar fuera de la caja.

"No podemos resolver nuestros problemas con el mismo pensamiento que usamos cuando los creamos." – Albert Einstein"

Albert Einstein

Crédito – Wikimedia Commons

MITOS ANTIGUOS Y LA BÚSQUEDA DE LA VIDA ETERNA

La Fuente de la Juventud y el **Elixir de la Vida** se encuentran entre las leyendas más perdurables que simbolizan el deseo de la humanidad de escapar de los confines de la mortalidad.

La Fuente de la Juventud, un manantial que rejuvenece a quien bebe o se baña en sus aguas, aparece en diversas culturas: desde las historias de **Heródoto** sobre la fuente mágica de los etíopes hasta los relatos del explorador español **Juan Ponce de León** en busca de ella en el Nuevo Mundo.

Curiosamente, un grupo de científicos a finales del siglo XX, incluidos **Stanley Skoryna** y **Georges Nogrady**, tomaron muestras de suelo de la Isla de Pascua (se rumoreaba que un lago en la Isla de Pascua tenía propiedades rejuvenecedoras similares a una **Fuente de la Juventud**) y descubrieron la rapamicina, un compuesto asombroso en el que profundizaremos más en capítulos posteriores. Aquí va otra perspectiva:

"Hay una fuente de la juventud; es tu mente, tus talentos, la creatividad que aportas a tu vida y a las vidas de las personas que amas. Cuando aprendes a aprovechar esta fuente, verdaderamente habrás derrotado a la edad." *– Sophia Loren*

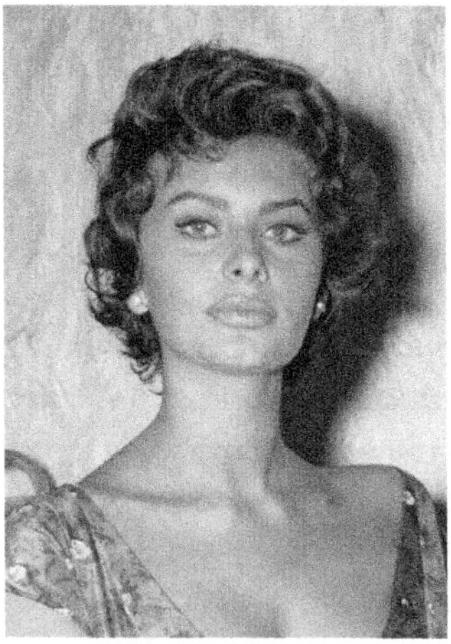

Sophia Loren

Crédito – Wikimedia Commons

De manera similar, el **Elixir de la Vida**, a menudo asociado con la alquimia, se consideraba una poción que otorgaría al bebedor vida eterna o juventud. Alquimistas como **Paracelso,** un médico y filósofo suizo del Renacimiento, dedicaron sus vidas a descubrir sustancias que extendieran la vida. **Paracelso** revolucionó la medicina al introducir la química y desafiar las prácticas médicas tradicionales. Creía en la armonía del cuerpo y el espíritu, y en que comprender los secretos de la naturaleza podría desentrañar los misterios de la vida y la muerte.

FILOSOFÍAS DEL ENVEJECIMIENTO EN CIVILIZACIONES ANTIGUAS

PERSPECTIVAS EGIPCIAS

Los antiguos egipcios veían el envejecimiento a través del lente de la espiritualidad y la vida después de la muerte. Practicaban una momificación meticulosa para preservar el cuerpo en el viaje del alma más allá de la muerte. El conocimiento médico egipcio, registrado en textos como el **Papiro Ebers**, incluía remedios y prácticas para mantener la salud y prolongar la vida. Creían que un equilibrio entre el bienestar físico y espiritual era necesario para lograr la longevidad.

PERSPECTIVAS GRIEGAS

Los griegos abordaron el envejecimiento con una combinación de filosofía y observación empírica. **Hipócrates**, el "Padre de la Medicina", enfatizó la importancia de la dieta, el ejercicio y los factores ambientales de salud. Abogó por los procesos naturales de curación del cuerpo y presentó el concepto de que las elecciones de estilo de vida impactan directamente en nuestra esperanza de vida. ***"Primero, no hacer daño"*** es una cita atribuida a Hipócrates, aunque no está en el Juramento **Hipocrático**, como muchos creen.

Pitágoras, más conocido por sus contribuciones a las matemáticas, también fundó una escuela que veía el cuerpo y el alma como entidades interconectadas. Promovió restricciones dietéticas y disciplina mental como caminos hacia una vida más larga.

SABIDURÍA CHINA

La civilización china antigua ofreció profundas perspectivas sobre el envejecimiento y la longevidad a través de filosofías como el **taoísmo** y las prácticas de la **Medicina Tradicional China (MTC).** Buscar la armonía con el **Tao**, o el orden natural, se creía que conducía a la salud y la longevidad.

Los antiguos chinos desarrollaron técnicas como la acupuntura, la medicina herbal y el qigong para equilibrar las energías del cuerpo. El legendario **Shen Nong**, el "Granjero Divino", se dice que probó cientos de hierbas para descubrir propiedades medicinales, sentando las bases para la medicina herbal destinada a prolongar la vida. ¡Me pregunto cuántas veces se enfermó por comer las plantas equivocadas!

PRÁCTICAS MÉDICAS TEMPRANAS PARA PROLONGAR LA VIDA

TRADICIONES AYURVÉDICAS

En la India, los sabios **Charaka** y **Sushruta** compusieron textos fundamentales de Ayurveda, uno de los sistemas de curación holística más antiguos del mundo. Los escritos de **Charaka** se centran en la medicina interna y los principios de mantener la salud a través del equilibrio, mientras que **Sushruta** es conocido por sus técnicas quirúrgicas y su conocimiento anatómico detallado. El Ayurveda enfatiza el equilibrio del cuerpo, la mente y el espíritu, abogando por tratamientos personalizados y cuidados preventivos para mejorar la longevidad. Sus textos también mencionan métodos de purificación de agua, como hervir, exposición al sol y filtración a través de arena y carbón, destacando la comprensión antigua del papel del agua limpia en la salud.

IMPACTO DE LOS SISTEMAS DE TRATAMIENTO DE AGUA EN LA LONGEVIDAD

Otro gran entrevistado de **Larry King** afirmó que las plantas de tratamiento de agua fueron la razón más crucial por la que la esperanza de vida humana aumentó drásticamente desde principios del siglo XX hasta hoy. El acceso al agua limpia ha sido un factor fundamental en la salud y la longevidad humana a lo largo de la historia. El desarrollo de sistemas de tratamiento de agua marca un hito significativo en la salud pública.

MÉTODOS ANTIGUOS DE PURIFICACIÓN DE AGUA

Desde el principio, las personas entendieron la importancia del agua limpia. Escritos antiguos de la India (alrededor del 2000 a.C.) describen hervir agua, filtrarla a través de arena o grava y dejarla al sol para purificarla. En Egipto, alrededor del 1500 a.C., usaban una sustancia llamada alumbre para hacer que la suciedad y otras partículas se asentaran en el fondo.

Hipócrates, el famoso médico griego, incluso inventó algo llamado la **"manga hipocrática"**. Era básicamente una bolsa de tela usada para filtrar agua de lluvia o agua hervida, eliminando sedimentos para que tuviera mejor sabor y fuera más segura para beber.

INNOVACIONES DESDE EL SIGLO XVII HASTA EL XX

El camino hacia el tratamiento moderno del agua dio grandes pasos en el siglo XIX. Una figura clave fue el **Dr. John Snow**, un médico británico que rastreó un brote de cólera en 1854 hasta una bomba de agua contaminada en Broad Street, Londres. Al mapear dónde enfermaban las personas, demostró que el agua podía propagar enfermedades, allanando el camino para métodos modernos de salud pública.

Antes de eso, a principios del siglo XVII, **Sir Francis Bacon** intentó eliminar la sal del agua de mar filtrándola a través de arena. Aunque no fue un éxito inmediato, inspiró experimentos futuros. Luego, en 1829, **James Simpson** introdujo la filtración lenta por arena en Londres, que hizo un excelente trabajo eliminando contaminantes.

A principios del siglo XX, la cloración se convirtió en una práctica estándar para desinfectar el agua. El **Dr. John L. Leal** fue el primero en usar cloro de manera continua en Jersey City, Nueva Jersey, en 1908. Este tratamiento simple redujo casi de inmediato las enfermedades transmitidas por el agua, como la fiebre tifoidea.

IMPACTO EN LA LONGEVIDAD

Muchas personas se preguntan: "¿Cómo es que nuestra esperanza de vida aumentó tanto en solo un siglo?" La verdad es que ocurrió a lo largo de muchos siglos de pruebas, sufrimiento por enfermedades y ajustes de lo que funcionaba. Pero el desarrollo del tratamiento de agua destaca. Una vez que pudimos limpiar nuestro suministro de agua, enfermedades como el cólera y la disentería disminuyeron drásticamente, especialmente en las naciones desarrolladas.

El agua segura también mejoró la salud pública en general: menos bebés morían en la infancia y más personas vivían más tiempo. Las ciudades crecieron más grandes y fuertes porque tenían agua confiable, y las economías se beneficiaron de personas más saludables y productivas.

"Nunca seré un hombre viejo. Para mí, la vejez siempre está quince años por delante de mi edad." – Sir Francis Bacon

Sir Francis Bacon

Crédito – ChatGPT/Imagen

FIGURAS CLAVE EN EL AVANCE DEL TRATAMIENTO DE AGUA

John Snow: Demostró que el agua contaminada puede causar enfermedades, influyendo en las políticas de salud pública.

James Simpson: Estableció el primer sistema exitoso de filtración lenta por arena en Londres.

Dr. John L. Leal: Pionero en el uso de cloro para la desinfección continua del agua, ayudando a eliminar enfermedades transmitidas por el agua.

EFECTO DE LA HIDRATACIÓN EN LA SALUD Y LA LONGEVIDAD

No solo importa el agua limpia: consumir suficiente agua todos los días también es crucial. La mayoría de los expertos sugieren alrededor de 3.7 litros (aproximadamente 125 onzas) al día para hombres y 2.7 litros (aproximadamente 91 onzas) para mujeres, aunque esto incluye líquidos de alimentos como frutas y verduras. Una buena hidratación afecta casi todas las partes de nuestro cuerpo, desde una digestión saludable y la función cerebral hasta ayudar a que nuestro corazón funcione mejor. Incluso puede reducir el riesgo de cálculos renales e infecciones del tracto urinario.

Recuerda no beber demasiada agua de una sola vez: tu cuerpo solo puede manejar cierta cantidad a la vez. Distribuye tu consumo de agua a lo largo del día. ¡Hidrátate, pero no te ahogues!

INVENTOS MEDIEVALES Y DEL RENACIMIENTO

Veamos algunos de los bloques de construcción para nuestras ideas modernas sobre vivir más tiempo:

Santa Hildegarda de Bingen (siglo XII): Una abadesa benedictina que escribió sobre el uso de remedios naturales, destacando cómo una buena dieta y hábitos diarios saludables pueden prevenir enfermedades.

Leonardo da Vinci: Estudió la anatomía humana con un detalle asombroso. Creía que entender cómo funciona el cuerpo podría llevar a una mejor salud y posiblemente extender la vida.

Leonardo Da Vinci

Crédito – Wikimedia Commons

Nostradamus: Más conocido por sus profecías, pero también fue un médico que atendió a pacientes con peste utilizando métodos prácticos y de sentido común, como promover el aire fresco y la limpieza.

Sir Francis Bacon: Además de su interés en el agua limpia, creía que la ciencia y el conocimiento conducirían a vidas más largas y saludables.

LA BÚSQUEDA MODERNA DE LA LONGEVIDAD

Avances Científicos y Perspectivas Psicológicas

A principios del siglo XX, el **Dr. Serge Voronoff** intentó retrasar el envejecimiento trasplantando tejidos animales a humanos, algo controvertido en su momento (y desacreditado más tarde), pero mostró hasta dónde llegarían algunos científicos para descubrir el secreto de vivir más tiempo. Investigaciones posteriores han demostrado que inyectar sangre más joven en animales mayores puede tener efectos rejuvenecedores limitados, aunque aún no es un método probado en humanos.

Carl Jung, un pionero en psicología, sentía que entender nuestras mentes inconscientes puede llevar a una vida más saludable y equilibrada. Estar mentalmente más sano puede ciertamente contribuir a una vida más larga y satisfactoria.

Innovaciones Tecnológicas

Visionarios como **Nikola Tesla** y **Thomas Edison** revolucionaron la vida diaria con la electricidad y la iluminación, lo que mejoró los estándares de vida y abrió la puerta a la tecnología médica moderna. Las teorías de **Albert Einstein** eventualmente condujeron a inventos como las máquinas de resonancia magnética, herramientas clave para detectar enfermedades temprano y tratarlas de manera más efectiva.

VISIONARIOS CONTEMPORÁNEOS

Hoy en día, vemos pensadores avanzados en muchos campos empujando los límites de la salud, la ciencia y la tecnología. Aquí hay solo un par de ellos:

STEVE **JOBS,** cofundador de Apple Inc., transformó la tecnología en una parte accesible e integral de la vida diaria. Su enfoque en la innovación y el diseño revolucionó nuestra comunicación y acceso a la información, promoviendo indirectamente la educación y la conciencia sobre la salud. **Jobs** fue un innovador único en un siglo que "vio hacia el futuro" de la tecnología y cambió el mundo tal como lo conocemos. Aunque no profundizo más aquí sobre **Jobs**, su contribución es extraordinaria.

T. DENNY SANFORD

Mi querido amigo **T. Denny Sanford** es un filántropo que ha donado sumas significativas a la investigación médica, con la esperanza de mejorar la salud de todos y ayudar a las personas a vivir vidas mejores y más largas. A través de **Sanford Health** y otras instituciones que llevan su nombre:

El Proyecto Sanford: Se enfoca en curar la diabetes tipo 1.

Centro Edith Sanford de Cáncer de Mama: Avanza en la investigación y el tratamiento del cáncer de mama.

Sanford Imagenetics: Examina cómo nuestros genes afectan nuestra salud, buscando un cuidado más personalizado.

Instituto Sanford-Burnham Prebys de Descubrimiento Médico: Investiga desde el cáncer hasta la medicina regenerativa.

Consorcio Sanford para la Medicina Regenerativa: Un esfuerzo grupal de centros de investigación de primer nivel para explorar formas de reparar tejidos y órganos dañados.

"Cerebros al Espacio": Parcialmente financiado por Sanford, los científicos han enviado células cerebrales humanas cultivadas en laboratorio al espacio para estudiar cómo funcionan sin gravedad, otro enfoque para entender el envejecimiento y las enfermedades.

T. Denny Sanford con Ron Zagami y Tad Sisler

Fuente – Colección Privada Sisler

"Las personas que están lo suficientemente locas como para pensar que pueden cambiar el mundo son las que lo hacen." – T. Denny Sanford

ELON MUSK

Elon Musk es conocido por Tesla (coches eléctricos), SpaceX (viajes espaciales) y ahora **Neuralink**, que busca conectar nuestros cerebros directamente con computadoras:

Cómo Funciona Neuralink

- Es un dispositivo pequeño implantado en el cráneo con "hilos" delgados que leen señales cerebrales o incluso envían señales de vuelta.
- Un sistema robótico implanta estos hilos para evitar dañar los vasos sanguíneos.

Beneficios Potenciales para la Salud

- Ayudar a personas paralizadas a mover extremidades robóticas o comunicarse a través de "escritura mental".
- Posiblemente tratar enfermedades como el Parkinson, la depresión y otras afecciones al detectar y modular la actividad cerebral.
- A largo plazo, podría ayudar a ralentizar o manejar enfermedades como el Alzheimer, mejorando la calidad de vida a medida que envejecemos.

Por supuesto, siempre surgen preguntas sobre ética, seguridad y privacidad. Pero si se desarrolla de manera responsable, y creo que así será, **Neuralink** podría abrir puertas para personas con problemas médicos graves, y tal vez incluso para el resto de nosotros, al extender nuestros años saludables.

"Creo que tenemos el deber de mantener la luz de la conciencia para asegurarnos de que continúe en el futuro." – Elon Musk

Elon Musk
Crédito – Wikimedia Commons

OTROS INDIVIDUOS NOTABLES QUE CONTRIBUYEN CON GRANDES RECURSOS PARA AVANZAR EN LA SALUD Y LA LONGEVIDAD

BILL GATES

Aunque ha estado bajo un escrutinio extremo por parte de grupos que creen que su espíritu emprendedor ha sido egoísta y enfrenta acusaciones de que mucha de la investigación que ha financiado y promovido es perjudicial para grandes grupos de personas, **Gates** ha destinado miles de millones de dólares a través de la Fundación Bill y Melinda Gates para combatir enfermedades infecciosas, mejorar la infraestructura de salud global y financiar investigaciones médicas sobre vacunas y tratamientos.

CONTRIBUCIONES NOTABLES:

- Liderar la campaña para erradicar la polio a nivel mundial.
- Financiar investigación y distribución de vacunas para enfermedades infecciosas como el VIH/SIDA, la malaria y la tuberculosis.
- Apoyar avances en edición genética y otras tecnologías médicas de vanguardia.

PATRICK SOON-SHIONG

Cirujano, investigador médico y empresario biotecnológico, Soon-Shiong ha invertido fuertemente en encontrar tratamientos innovadores contra el cáncer y otras soluciones de atención médica.

CONTRIBUCIONES NOTABLES:

- Fundador de NantWorks, enfocado en desarrollar tratamientos contra el cáncer de próxima generación y medicina personalizada.
- Esfuerzos pioneros en inmunoterapia y tecnología de ARNm para el cáncer.
- Apoyo filantrópico a hospitales e investigación médica, particularmente en comunidades desatendidas.

JEFF BEZOS

Bezos ha estado dirigiendo cada vez más recursos hacia la investigación de longevidad y la biotecnología.

CONTRIBUCIONES NOTABLES:

• Financiar Altos Labs, una startup enfocada en la reprogramación celular para revertir enfermedades y retrasar el envejecimiento.

• Invertir en varias empresas biotecnológicas destinadas a soluciones innovadoras de salud.

• Apoyar una amplia gama de iniciativas científicas y tecnológicas que podrían generar avances en la salud y la prevención de enfermedades.

MARK ZUCKERBERG Y PRISCILLA CHAN

A través de *la Iniciativa Chan Zuckerberg (CZI)*, están fuertemente invertidos en investigación médica de vanguardia, con el ambicioso objetivo de ayudar a curar, prevenir o gestionar todas las enfermedades para finales de siglo.

CONTRIBUCIONES NOTABLES:

• Financiar el *Chan Zuckerberg Biohub*, que une a científicos e ingenieros para desarrollar herramientas para diagnosticar, tratar y prevenir enfermedades.

• Apoyar iniciativas a gran escala en neurociencia, inmunología e inteligencia artificial en la atención médica.

LARRY ELLISON

El cofundador de Oracle estableció la Fundación Médica Ellison para explorar los fundamentos del envejecimiento y las enfermedades relacionadas con la edad.

CONTRIBUCIONES NOTABLES:

• Financiar investigación biomédica enfocada en factores genéticos, celulares y organismales que influyen en la esperanza de vida.

• Apoyar laboratorios y universidades que buscan comprender mejor cómo extender la longevidad humana saludable.

Larry Ellison

Crédito: Flickr/creativecommons.org

PERSPECTIVAS ESPIRITUALES Y ALTERNATIVAS

Edgar Cayce, a menudo llamado el 'Profeta Durmiente', dio miles de lecturas sobre salud y curación mientras estaba en trance. Creía en tratar a la persona en su totalidad —cuerpo, mente y espíritu— y sugería remedios naturales, hábitos alimenticios saludables y prácticas espirituales para apoyar una vida larga y saludable. Enfatizaba la importancia de una buena digestión y 'mantenerse limpio por dentro' a través de movimientos intestinales regulares, ¡algo que todavía tiene sentido hoy!

Ya podemos ver cómo estas ideas espirituales o alternativas se relacionan con lo que sabemos sobre la investigación moderna en longevidad. A lo largo de la historia, las personas han probado todo tipo de enfoques —míticos, espirituales, científicos— para descubrir cómo vivir más tiempo. Cada era aporta su propia perspectiva única a la pregunta, pero todas comparten el mismo objetivo: hacer que la vida no solo sea más larga, sino mejor.

'No somos víctimas del envejecimiento, la enfermedad y la muerte. Estos son parte del escenario, no del observador, que es inmune a cualquier forma de cambio. El observador es el espíritu, la expresión del ser eterno.'
– Deepak Chopra

Mientras estamos al borde de nuevos descubrimientos en biotecnología e inteligencia artificial, estas perspectivas más antiguas nos recuerdan que vivir más tiempo no se trata solo de añadir más años, sino de disfrutar esos años con una buena calidad de vida. Esta búsqueda de la longevidad siempre ha sido sobre la esperanza y la curiosidad, dos cosas que han impulsado el progreso humano desde el principio.

HISTORIA DEL ENVEJECIMIENTO Y LA ESPERANZA DE VIDA

EVOLUCIÓN DE LA ESPERANZA DE VIDA HUMANA DESDE LA PREHISTORIA HASTA EL PRESENTE

Cuando crecía y estudiaba la Biblia, aprendí que uno de los primeros mandatos de Dios fue: ***'Sean fructíferos y multiplíquense.'*** Desde tiempos antiguos, las personas han luchado por sobrevivir y prosperar bajo condiciones difíciles. En la prehistoria, la persona promedio solo vivía hasta alrededor de los 30 años. Los entornos hostiles, la falta de alimentos confiables y las constantes amenazas de depredadores o enfermedades jugaron un papel importante. Las cosas comenzaron a cambiar alrededor del 10,000 a.C. con la llegada de la agricultura. Vivir en un solo lugar significó un suministro de alimentos más estable, pero también trajo nuevos problemas, como enfermedades contagiosas que se propagaban en asentamientos abarrotados. Con el tiempo, aunque la vida seguía siendo desafiante, las granjas estables ayudaron a incrementar gradualmente la esperanza de vida promedio.

En la Edad Media, el progreso fue lento. Las guerras, el hambre y las plagas (como la Peste Negra) a menudo acababan con poblaciones enteras. Las grandes mejoras no aparecieron realmente hasta la Ilustración y la Revolución Industrial. La tecnología, la higiene y mejores medidas de salud pública comenzaron a marcar la diferencia. Por ejemplo, en la Nueva York de finales del siglo XIX, el estiércol de caballo acumulado en las calles generaba olores horribles y enfermedades. Una vez que las personas se dieron cuenta de que debían limpiarlo, las tasas de infección disminuyeron. Poco a poco, estos cambios ayudaron a que las personas vivieran más tiempo.

IMPACTO DE LA AGRICULTURA, LA INDUSTRIALIZACIÓN Y LA MEDICINA MODERNA EN LA ESPERANZA DE VIDA

La Revolución Agrícola nos dio alimentos más confiables, pero vivir tan cerca unos de otros también llevó a una propagación más rápida de enfermedades. Muchas personas estaban desnutridas, y los médicos aún no entendían cómo funcionaban realmente las enfermedades.

Más tarde, durante los siglos XVIII y XIX, la industrialización y la urbanización condujeron a ciudades superpobladas con una pobre sanidad. Esto hizo que las enfermedades se propagaran como un incendio forestal, al menos al principio. Con el tiempo, sin embargo, estas condiciones de hacinamiento impulsaron a los líderes de las ciudades a desarrollar sistemas de alcantarillado, agua más limpia y una mejor gestión de residuos. Estas mejoras ayudaron a reducir drásticamente las tasas de infección.

El siglo XX trajo enormes avances médicos, especialmente los antibióticos y las vacunas. Mi bisabuelo fue soldado de la Unión en la Guerra Civil, y su familia trataba sus heridas con un emplasto de corteza que actuaba como un antibiótico natural. ¡Ni siquiera sabían que eso era lo que era! Años después, el descubrimiento de la penicilina por **Alexander Fleming** en 1928 cambió la medicina para siempre. Durante la Segunda Guerra Mundial, mi padre vio cuán valiosa podía ser la penicilina en los barcos de la Marina. En casos extremos, si los medicamentos escaseaban, los médicos a veces recurrían a medidas desesperadas, como hacer que otros marineros bebieran la orina del paciente que había recibido la penicilina, para mantenerla en circulación. Suena impactante, pero durante la guerra, salvó vidas.

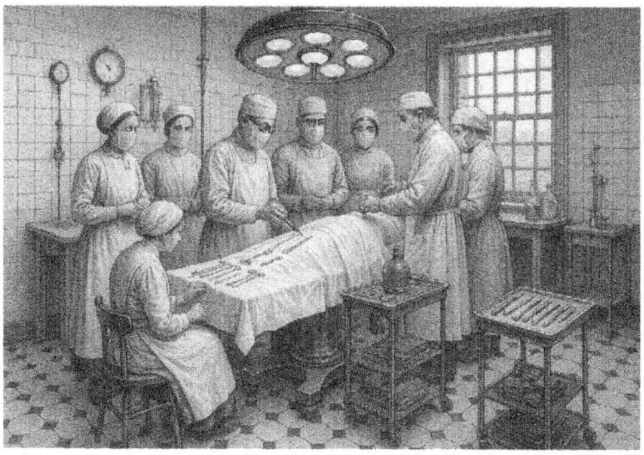

Las vacunas también comenzaron a erradicar enfermedades que alguna vez parecieron imbatibles, como la viruela y la polio. Para finales del siglo XX, mejores cirugías, nutrición y educación ayudaron a aumentar la esperanza de vida promedio de los cuarenta y tantos a los setenta en muchos países desarrollados. Hoy en día, hay un debate creciente sobre si hay demasiadas vacunas administradas demasiado pronto, pero no podemos ignorar cuántas vidas han salvado.

REVOLUCIÓN CIENTÍFICA MODERNA – AVANCES EN GENÉTICA, BIOTECNOLOGÍA Y MEDICINA

Descifrar el genoma humano ha abierto la puerta a entender qué nos hace envejecer. Los científicos han identificado ciertos genes relacionados con la longevidad y están experimentando con herramientas avanzadas como CRISPR-Cas9 para corregir o eliminar genes dañinos. Las empresas que trabajan en biotecnología están encontrando formas de ralentizar el envejecimiento celular y mantener las células más saludables durante más tiempo. También están explorando cómo regenerar o reemplazar tejidos dañados, como cartílago o incluso órganos completos, utilizando células madre.

Hablaremos más sobre estos desarrollos asombrosos en los capítulos siguientes. Mi objetivo con este libro es proporcionarte suficiente ciencia para entender los avances principales sin abrumarte. Espero que descubras que, aunque algunos conceptos puedan parecer complicados al principio, tienen el potencial de cambiar nuestras vidas de maneras que nunca podríamos haber imaginado. Y eso, para mí, es lo que mantiene este viaje emocionante.

PRÓLOGO DOS

PREOCUPACIONES AMBIENTALES ACTUALES

La Revolución Industrial transformó nuestro mundo de maneras tanto positivas como negativas. Aunque muchas invenciones de esta era han aumentado nuestras posibilidades de vivir más tiempo, también han introducido nuevas enfermedades relacionadas con la exposición a químicos, como el mesotelioma, la silicosis y la enfermedad de Minamata. Incluso ahora, nos preocupamos por los efectos de los subproductos industriales en nuestra salud. Antes de sumergirnos en la ciencia y la medicina modernas, veamos algunos factores externos que podrían impedirnos vivir vidas más largas y saludables.

FRECUENCIAS ELÉCTRICAS - RADIACIÓN AMBIENTAL

¿Las frecuencias eléctricas y la radiación cotidiana nos perjudican o nos ayudan? Todavía no tenemos una respuesta definitiva, pero la investigación continúa. La gente a menudo se preocupa por los microondas, las señales de los celulares o la radiofrecuencia 5G. Esto es lo que sabemos hasta ahora.

FRECUENCIAS ELÉCTRICAS (Frecuencia Extremadamente Baja, ELF)

Dónde se Encuentran: Líneas eléctricas, cableado doméstico y electrodomésticos (alrededor de 50–60 Hz).

Problemas Potenciales: Algunos estudios sugieren una leve conexión entre una alta exposición a ELF (como vivir justo debajo de una línea eléctrica) y tasas ligeramente más altas de leucemia infantil. Sin embargo, no se ha demostrado una relación causa-efecto firme, y el riesgo general parece muy bajo.

Beneficios Posibles: En entornos médicos controlados, la terapia de campos electromagnéticos pulsados (PEMF) puede ayudar a sanar huesos o tejidos. Si alguna vez has tenido estimulación muscular durante fisioterapia, eso es un uso seguro de ELF.

CAMPOS DE RADIOFRECUENCIA (RF) (Wi-Fi, Celulares, 5G)

Dónde se Encuentran: Frecuencias desde cientos de MHz hasta decenas de GHz. El 5G puede variar desde aproximadamente 600 MHz hasta alrededor de 39 GHz.

Preocupaciones Potenciales: Tras décadas de investigación, no hemos encontrado pruebas sólidas de que la exposición diaria normal a RF (como la de tu celular o Wi-Fi) cause cáncer. Sin embargo, algunas personas reportan dolores de cabeza, ansiedad o insomnio que creen que provienen de la exposición a RF. Los científicos a menudo atribuyen esto al efecto "nocebo", donde nos preocupamos tanto que nos sentimos enfermos.

Aspectos Positivos: El 5G facilita la telemedicina, llevando servicios de salud rápidos a áreas remotas. La RF también se usa en máquinas de resonancia magnética, que han revolucionado la forma en que diagnosticamos enfermedades.

RADIACIÓN IONIZANTE VS. NO IONIZANTE

Radiación Ionizante: Incluye rayos X y rayos gamma, que pueden dañar el ADN y aumentar el riesgo de cáncer. Aun así, el uso médico controlado (como la radioterapia) salva vidas.

Radiación No Ionizante: Incluye luz visible, microondas y ondas de radio. Estas no suelen descomponer el ADN; su principal efecto a niveles altos es calentar tejidos.

Conclusión: Las exposiciones diarias a radiación no ionizante (como el 5G) se consideran generalmente seguras si cumplen con las normas de seguridad. La radiación ionizante puede ser perjudicial en grandes cantidades, pero en medicina, también puede detectar y tratar condiciones graves.

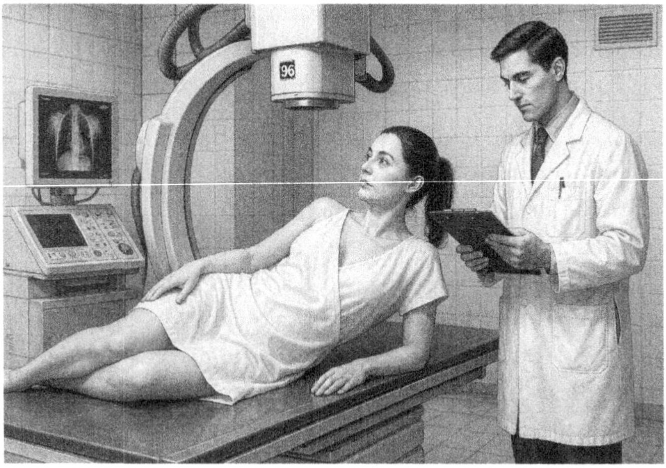

AMENAZA DE LAS TOXINAS AMBIENTALES PARA LA SALUD HUMANA

A principios de los años 70, recuerdo haber visitado a mi maravillosa abuela, **Gizella Witt**, en Long Beach, California. La cuenca de Los Ángeles regularmente tenía un color amarillento debido al smog. Por la misma época, mi tío me llevó a Guadalajara, México, y el aire estaba tan sucio que era marrón.

Aunque nuestro aire se ha purificado bastante desde aquellos tiempos gracias al uso de convertidores catalíticos en los automóviles y regulaciones que restringen la emisión de humo al aire, algunas ciudades del mundo aún sufren por los desechos industriales.

Todavía existe una gran preocupación por los químicos y la contaminación. Algunas ciudades siguen sufriendo por el smog y los desechos industriales. Por ejemplo, cerca de donde vivo en San Diego, el río Tijuana vierte desechos humanos e industriales al océano Pacífico todos los días, haciendo que el agua no sea segura para los nadadores en Imperial Beach.

EL PANORAMA EVOLUTIVO DE LOS QUÍMICOS

Contaminantes Heredados: Sustancias como el asbesto, la pintura con plomo y el DDT están prohibidas en muchos países, pero persisten en edificios antiguos, suelos y agua.

Contaminantes Orgánicos Persistentes (COP): Los PCB y las dioxinas se descomponen extremadamente lento y pueden causar disrupción hormonal y otros problemas.

Preocupaciones Emergentes: Los PFAS ('químicos eternos') utilizados en sartenes antiadherentes y retardantes de fuego pueden acumularse en nuestros cuerpos y podrían estar relacionados con problemas como trastornos metabólicos, problemas reproductivos y cáncer.

¿QUÉ PODEMOS HACER?

Estándares más Estrictos y Limpiezas: Los gobiernos pueden impulsar regulaciones más estrictas y hacer cumplir las existentes con mayor rigor. Limpiar sitios contaminados reduce la exposición perjudicial.

Seguridad en el Lugar de Trabajo: Necesitamos una buena higiene industrial, equipo de protección y capacitación exhaustiva para que los trabajadores no estén en peligro por químicos tóxicos.

Conciencia del Consumidor: Lee las etiquetas, elige productos con menos químicos agresivos y mantén tu hogar bien ventilado. Los detectores de monóxido de carbono o humo son esenciales.

Estilo de Vida Saludable: Una buena dieta, ejercicio y revisiones médicas regulares ayudan a que tu cuerpo se mantenga fuerte frente a toxinas de bajo nivel que pueden acumularse con el tiempo.

SUPLEMENTOS O MEDICAMENTOS PARA LA EXPOSICIÓN A TOXINAS

Ningún suplemento o medicamento puede garantizar una protección completa contra toxinas o cáncer, y las investigaciones a menudo muestran resultados mixtos. Aquí hay algunos nutrientes que se han estudiado:

Antioxidantes (Vitaminas C y E): Pueden neutralizar los radicales libres causados por ciertas toxinas, pero ensayos grandes no han demostrado que detengan el cáncer.

Selenio: Estudios iniciales parecían prometedores, pero ensayos posteriores no confirmaron un fuerte efecto protector.

Vitamina D: Relacionada con una mejor salud en general, pero no es un escudo mágico contra las toxinas ambientales.

Polifenoles del Té Verde, Verduras Crucíferas, Cúrcuma (Curcumina): Algunos estudios de laboratorio sugieren que podrían ayudar al cuerpo a manejar el estrés de las toxinas, pero la evidencia en humanos aún es limitada.

Para más información, profundizo en detalle sobre cada vitamina y suplemento importante en mi libro *Vitaminas, Suplementos y Hierbas para la Salud y la Longevidad: Refuerza tu Inmunidad, Aumenta tu Energía y Siéntete Más Joven en Minutos al Día.*

CONSEJOS PRÁCTICOS

Alimentos Integrales Primero: Come una dieta equilibrada, rica en plantas.
Hábitos de Vida: No fumes, limita el alcohol, mantén un peso saludable y mantente activo.
Busca Consejo Profesional: Siempre consulta a un proveedor de atención médica antes de comenzar cualquier rutina de suplementos. Hay gran sabiduría en las palabras de mi amiga, la legendaria actriz **Mary Tyler Moore:**

"Realmente tienes que aprovechar al máximo lo que tienes. Todos lo hacemos."

Tad Sisler con Mary Tyler Moore
Fuente – Colección Privada Sisler

En resumen, no existe una píldora única que elimine la exposición a químicos. Pero llevar una vida saludable y equilibrada ayuda a reducir los riesgos.

¿SE REEMPLAZAN TODAS LAS CÉLULAS DEL CUERPO?

Quizá hayas oído que cada célula de tu cuerpo se reemplaza cada siete años. Eso no es del todo cierto. La renovación celular varía:
Renovación Rápida: Las células del intestino y de la sangre se renuevan en días o semanas. La piel se reemplaza en aproximadamente un mes.
Renovación Moderada: Las células del hígado podrían renovarse cada pocos cientos de días.
Renovación Lenta o Nula: Las neuronas de la corteza cerebral permanecen en su mayoría de por vida. Lo mismo ocurre con el cristalino del ojo y las células del músculo cardíaco.

Tu cuerpo es un mosaico de células con diferentes esperanzas de vida, y no hay un "reinicio" completo donde todo se reemplace a la vez.

¿SE PUEDE REVERTIR UN ESTILO DE VIDA NO SALUDABLE?

Algunos daños son permanentes, pero hay buenas noticias: muchos hábitos saludables pueden detener o incluso revertir parcialmente el daño causado por elecciones de estilo de vida poco saludables.

Pérdida de Peso y Dieta: Bajar el exceso de peso ayuda a controlar el azúcar en la sangre, la presión arterial y reduce la inflamación.

Dejar de Fumar y Limitar el Alcohol: Dejar de fumar reduce drásticamente el riesgo de cáncer de pulmón y enfermedades cardíacas. Reducir el consumo de alcohol protege el hígado y disminuye ciertos riesgos de cáncer.

Ejercicio y Sueño: Mantenerse activo mejora la salud cardíaca, la masa muscular y ayuda a manejar el estrés. Un buen sueño y la reducción del estrés pueden combatir la inflamación crónica y apoyar un envejecimiento saludable.

Salud Mental: Una perspectiva positiva y buenas estrategias de afrontamiento pueden reducir las hormonas del estrés que aceleran el envejecimiento.

Adoptar técnicas de manejo del estrés (por ejemplo, meditación y yoga) y mejorar la higiene del sueño puede revertir algunos de estos impactos negativos con el tiempo y mejorar la esperanza de vida saludable. Mi amigo, el legendario rapero **Snoop Dogg,** tenía su perspectiva:

"Tienes que regresar siempre en el tiempo si quieres avanzar hacia adelante."

Snoop Dogg y Tad Sisler

Fuente – Colección Privada Sisler

Los nuevos avances en la ciencia, con suerte, nos permitirán revertir el proceso de envejecimiento pronto, pero mientras tanto, vivir de manera saludable es una apuesta segura.

¡MANTENTE FUERA DE PROBLEMAS!

Incluso tu entorno, como estar en prisión, puede afectar la rapidez con la que envejeces. El estrés crónico, la atención médica inadecuada, una dieta pobre y la falta de luz solar pueden hacer que los prisioneros desarrollen enfermedades y fragilidad antes. No todos en prisión lo experimentan al mismo ritmo, pero muestra cómo el estrés y el aislamiento pueden tener un impacto grave en el cuerpo.

Mi libro *La Ciencia del Pensamiento Positivo* ilustra que la mentalidad, los hábitos diarios y el bienestar emocional pueden añadir años a la vida de una persona, sin importar dónde se encuentre.

ANÁLISIS DE METALES PESADOS EN EL CABELLO

El análisis de cabello puede revelar algunos metales pesados (como mercurio o plomo) a los que has estado expuesto en los últimos meses. No es una prueba perfecta: los productos para el cabello pueden alterar los resultados y diferentes laboratorios usan métodos distintos. Si las pruebas de cabello muestran algo sospechoso, los médicos suelen realizar análisis de sangre u orina para confirmar.

¿POR QUÉ REVISAR LOS METALES PESADOS?

Estrés Oxidativo e Inflamación: Metales como el plomo o el cadmio pueden dañar las células y aumentar el riesgo de enfermedades crónicas.

Salud Cerebral y de Órganos: Altas exposiciones pueden dañar nervios, riñones, huesos y más.

Riesgo de Cáncer: Algunos metales incrementan el riesgo de cáncer con el tiempo.

MINIMIZAR TU EXPOSICIÓN

Calidad del Agua: Analiza tu agua, especialmente si vives en una casa antigua con tuberías de plomo.

Elecciones de Mariscos: Come pescados más pequeños como salmón o sardinas en lugar de los grandes como atún o pez espada, que pueden contener más mercurio.

Aire y Productos Domésticos: Mantén el aire interior fresco y elige productos con menos químicos agresivos.

Revisiones Profesionales: Consulta a un médico para pruebas si sospechas una alta exposición.

EL PAPEL DE LA HIGIENE PERSONAL

Mantenerse limpio no se trata solo de oler bien; es una de tus mejores defensas contra los gérmenes. El lavado regular de manos, el baño y el cuidado oral ayudan a prevenir infecciones que desgastan tu cuerpo con el tiempo.

Menor Riesgo de Infecciones: Menos enfermedades significan menos inflamación y estrés en tu cuerpo.
Protección de la Piel: Tu piel es tu barrera más grande. Mantenerla limpia e hidratada ayuda a que funcione al máximo.
Salud Oral: Un buen cepillado y uso de hilo dental pueden proteger tu corazón y cuerpo de la inflamación crónica.
Bienestar Mental: Sentirte limpio aumenta la confianza y reduce el estrés, lo que puede tener beneficios para la salud a largo plazo.

GEROCIENCIA: ESTUDIANDO EL ENVEJECIMIENTO EN SÍ

La **gerociencia** examina cómo el envejecimiento causa enfermedades relacionadas con la edad, como el Alzheimer o las enfermedades cardíacas. Al entender el envejecimiento a nivel molecular —como el acortamiento de los telómeros y el deterioro mitocondrial— los científicos esperan ralentizar o prevenir estas condiciones.

INVESTIGADORES LÍDERES

Dr. David Sinclair (Harvard): Estudia las sirtuinas y moléculas como el resveratrol (presente en el vino tinto) que podrían imitar la restricción calórica y favorecer esperanzas de vida más largas.

"Solo el 20 por ciento de nuestra longevidad está determinado genéticamente. El resto es lo que hacemos, cómo vivimos nuestras vidas y, cada vez más, las moléculas que tomamos. No es la pérdida de nuestro ADN lo que causa el envejecimiento, sino los problemas para leer la información, el ruido epigenético." – Dr. David Sinclair

Dr. Cynthia Kenyon: Descubrió un gen en gusanos C. elegans que puede duplicar su esperanza de vida, relacionado con la insulina y factores de crecimiento en humanos.

"La edad es el mayor factor de riesgo para un número enorme de enfermedades. Entonces, si puedes posponer esencialmente el envejecimiento, puedes tener efectos beneficiosos en toda una gama de enfermedades." – Dr. Cynthia Kenyon

ESPERANZA DE VIDA VS. ESPERANZA DE VIDA SALUDABLE

La esperanza de vida es cuánto tiempo vives; **la esperanza de vida saludable** es cuánto tiempo te mantienes saludable y activo. La investigación moderna se centra más en la esperanza de vida saludable porque, ¿quién quiere vivir años extra en mala salud?

LIBROS INNOVADORES EN LONGEVIDAD

Lifespan: Por Qué Envejecemos —y Por Qué No Tenemos Que Hacerlo (Dr. David Sinclair) Argumenta que el envejecimiento es una enfermedad que podemos combatir. Introduce la "Teoría de la Información del Envejecimiento", sugiriendo que perdemos "información celular" a medida que envejecemos.

Life Force (Tony Robbins, Peter Diamandis, Robert Hariri) Explora la medicina regenerativa, la edición genética, las células madre y cómo tomar el control de tu propia salud.

Leer *Life Force* de **Tony Robbins** fue un punto de inflexión en mi vida. No tenía idea de que tantos avances en medicina regenerativa y salud personalizada estaban ocurriendo a la vez. Coescrito con **Peter H. Diamandis** y **Robert Hariri**, el libro profundiza en tecnologías de vanguardia como la terapia con células madre, la edición genética y la biología sintética. Enfatiza tomar el control proactivo de la salud a través de enfoques tradicionales e innovadores. Estos libros nos hacen pensar no solo en vivir más tiempo, sino en vivir mejor. También nos empujan a considerar la ética de extender la vida humana.

"No existe tal cosa como el fracaso. Solo hay resultados." – Tony Robbins

Tony Robbins
Crédito: – Wikimedia Commons

LECCIONES DE LOS ANIMALES

Ciertos animales, como las ballenas de Groenlandia (que pueden vivir 200 años) o las ratas topo desnudas, envejecen muy lentamente o resisten el cáncer. Estudiar sus genes y su química corporal podría enseñarnos secretos para un envejecimiento más saludable. Algunos investigadores también trabajan en extender la esperanza de vida de los perros, lo que eventualmente podría ayudar a los humanos. Personalmente, ¡me encantaría ver a mi pomerania, Frankie, vivir mucho más tiempo!

EMPODERÁNDONOS

Este libro comparte los últimos hallazgos en genética, epigenética y biotecnología, además de consejos diarios sobre nutrición, ejercicio y manejo del estrés. Aunque siempre debes consultar a un médico para preguntas médicas personales, espero mostrarte formas realistas de mejorar tu esperanza de vida saludable. Si podemos mantener una mente abierta, no hay límite para hasta dónde podemos empujar los límites del envejecimiento. Comencemos este viaje juntos para ver cuánto tiempo podemos mantener nuestra calidad de vida. ¡Qué maravilloso sería ver crecer a nuestros bisnietos, presenciar nuevos avances en tecnología y tal vez estar aún presentes para disfrutarlos! Si mantenemos una mente abierta, nos permitiremos descubrir nuevas posibilidades que de otra manera no habríamos considerado. Mi viejo amigo, el presidente **George H.W. Bush,** describió la mentalidad abierta de esta manera:

'Tengo opiniones propias, opiniones fuertes, pero no siempre estoy de acuerdo con ellas.'

El Presidente George H.W. Bush y Barbara Bush con Tad Sisler

Fuente – Colección Privada Sisler

PARTE I
COMPRENDIENDO LA BIOLOGÍA DEL ENVEJECIMIENTO

CAPÍTULO UNO
LOS SELLOS DEL ENVEJECIMIENTO

Mi adorable abuela **Audrey Athey Sisler** nació en 1889. En su vida, fue testigo de cómo la humanidad pasó de viajar en carruajes tirados por caballos a explorar la luna. Ya tenía casi setenta años cuando nací, pero aún conservaba suficiente vitalidad y entusiasmo para convertirse en mi mejor amiga, viviendo lo suficiente para conocer a mis gemelos antes de fallecer en 1983 a los 94 años.

Abuela de Tad Sisler, Audrey Athey Sisler

Fuente – Colección Privada Sisler

Mi abuela **Audrey** me dijo: **'¡Te juro que por dentro sigo teniendo dieciocho años!'** y le creí. Lo primero y más fácil que podemos hacer es entender que nuestras actitudes y emociones juegan un papel enorme en el éxito en la vida. Creo firmemente que una perspectiva optimista también aumenta nuestra esperanza de vida. A pesar de todas las tragedias que vivió, mi abuela me enseñó optimismo y mucho más. Mi amiga, la actriz ganadora del *Premio de la Academia,* **Cloris Leachman**, dijo:

'No pienso que tenga mi edad. Realmente tengo 6 años.'

Actriz Ganadora del Premio de la Academia Cloris Leachman y Tad Sisler

Fuente - Colección Privada Sisler

Bueno, eso es exagerado, pero entiendes la idea. Mantenerse infantil y joven de corazón es probablemente una clave para la longevidad.

Mis mejores maestros fueron aquellos que podían explicar las cosas en términos que yo entendiera, ya fuera a través de analogías, historias o metáforas. Intentaré hacer esto a lo largo del libro, presentando primero las ideas en términos sofisticados y luego explicándolas lo mejor que pueda de una manera que cualquiera pueda entender.

VISIÓN GENERAL DE LOS SELLOS DEL ENVEJECIMIENTO

El envejecimiento es como un rompecabezas con muchas piezas, y los científicos han identificado nueve factores clave —llamados sellos— que explican por qué nuestros cuerpos cambian a medida que envejecemos. Estos sellos son los bloques de construcción del envejecimiento, y entenderlos nos ayuda a encontrar formas de mantenernos más saludables por más tiempo. Aquí tienes un vistazo rápido a los nueve, con detalles sobre algunos en este capítulo y otros más adelante en el libro:

Inestabilidad Genómica: Daño en nuestro ADN que se acumula con el tiempo, como manchas en un libro de recetas (tratado en este capítulo).

Acortamiento de Telómeros: Reducción de las tapas protectoras de nuestros cromosomas, como las puntas de los cordones que se deshilachan (tratado en este capítulo).

Alteraciones Epigenéticas: Cambios en cómo se activan o desactivan nuestros genes, como ajustar el volumen de una lista de reproducción (tratado en este capítulo).

Pérdida de Proteostasis: Problemas con el plegado y limpieza de proteínas, como audífonos enredados que causan problemas (tratado en este capítulo).

Detección de Nutrientes Deregulada: Cuando nuestro cuerpo no responde bien a los alimentos y la energía, como un medidor de gasolina defectuoso (ver Capítulo 3).

Disfunción Mitocondrial: Cuando las centrales energéticas de nuestras células comienzan a fallar, como un motor de coche que pierde fuerza (ver Capítulo 3).

Senescencia Celular: Células que dejan de dividirse y causan inflamación, como trabajadores perezosos que ralentizan las cosas (ver Capítulo 2).

Agotamiento de Células Madre: Menos células nuevas para reparar nuestro cuerpo, como quedarse sin repuestos (ver capítulos posteriores).

Comunicación Intercelular Alterada: Señales confusas entre células, como una mala conexión telefónica (ver capítulos posteriores).

Este capítulo profundiza en los primeros cuatro sellos, dándote un comienzo sólido para entender el envejecimiento y qué puedes hacer al respecto ahora mismo.

ESTUDIOS GENÉTICOS

INESTABILIDAD GENÓMICA

DAÑO Y MECANISMOS DE REPARACIÓN DEL ADN

Me asombra cuánto hemos avanzado desde que desciframos el genoma a principios del siglo XXI. Nuestra comprensión del ADN y el ARN aún está en pañales, pero ya hemos aprendido mucho. Los avances exponenciales en inteligencia artificial y capacidades computacionales aumentan nuestra comprensión de la genética, con nuevos desarrollos que llegan casi a diario. Imagina cuando este conocimiento se multiplique por mil millones, como profetiza **Ray Kurzweil.**

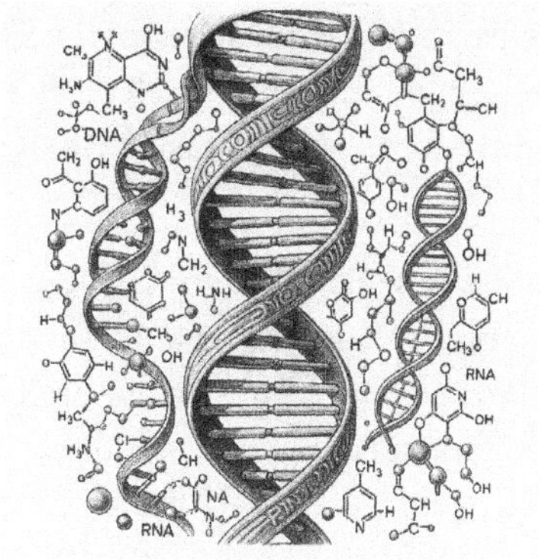

ADN

La inestabilidad genómica es un sello fundamental del envejecimiento, caracterizado por una mayor frecuencia de mutaciones dentro del genoma debido al daño en el ADN. Este daño surge de fuentes endógenas como las especies reactivas de oxígeno generadas durante procesos metabólicos y fuentes exógenas como la radiación ultravioleta (UV), la radiación ionizante y mutágenos ambientales. El daño en el ADN puede manifestarse como rupturas de cadena sencilla, rupturas de cadena doble, enlaces cruzados y modificaciones de bases.

Piensa en tu ADN como un manual de instrucciones gigante para tu cuerpo, que le dice a tus células cómo crecer, dividirse y hacer su trabajo. A veces, ocurren errores en las instrucciones debido a demasiado sol (radiación) o químicos (estrés oxidativo). Es como tener manchas o rasgaduras en un libro.

Las células han evolucionado mecanismos intrincados de reparación del ADN para mantener la integridad genómica:

Reparación por Escisión de Nucleótidos (NER): Repara lesiones voluminosas que distorsionan la hélice, como las causadas por dímeros de timina inducidos por luz UV.

Reparación por Escisión de Bases (BER): Corrige lesiones pequeñas en bases que no distorsionan la hélice, resultantes de oxidación, desaminación y alquilación. Imagina limpiadores (**NER** y **BER**) que borran manchas y arreglan pequeñas rasgaduras.

Reparación de Errores de Apareamiento (MMR): Corrige errores de replicación como bases mal incorporadas y bucles de inserción-deleción.

Recombinación Homóloga (HR) y Unión de Extremos No Homólogos (NHEJ): Reparan rupturas de cadena doble a través de vías libres de errores y propensas a errores, respectivamente. Piensa en especialistas de mantenimiento que arreglan grandes rasgaduras en las páginas.

La investigación del **Dr. Jan Vijg** enfatiza el papel del mantenimiento del genoma en el envejecimiento. Sugiere que la acumulación de daño en el ADN y mutaciones perjudica la función celular y acelera el envejecimiento (Vijg, J. "Aging and genome maintenance." Mechanisms of Ageing and Development, 2014).

Desarrollo Reciente: En febrero de 2025, un estudio en bioRxiv reportó una nueva molécula pequeña que mejora la reparación del ADN al impulsar la actividad de las vías BER en ratones envejecidos, reduciendo la inestabilidad genómica y mejorando la esperanza de vida saludable.biorxiv.org Esto sugiere terapias potenciales para proteger el ADN a medida que envejecemos, alineándose con el enfoque del libro en soluciones de vanguardia.

POR QUÉ IMPORTA

Al igual que un libro con páginas faltantes o palabras borrosas no puede contar una historia correctamente, las células con demasiado daño en el ADN no pueden funcionar bien. Esto lleva al envejecimiento y a enfermedades que a menudo ocurren a medida que las personas envejecen.

MUTACIONES Y SU ACUMULACIÓN A LO LARGO DEL TIEMPO

¿Qué son? Las mutaciones somáticas (en células corporales) ocurren a lo largo de la vida de un organismo. Estas son pequeños cambios en el ADN de las células que no se transmiten a la descendencia, pero se acumulan con el tiempo en nuestros propios tejidos.

¿Por qué importan? Cuando se acumulan demasiadas mutaciones, pueden interrumpir la función celular normal, causando que las células dejen de dividirse (senescencia), se autodestruyan (apoptosis) o se vuelvan cancerosas.

¿Cómo se relacionan con el envejecimiento y las enfermedades? Esta acumulación continua de cambios genéticos está relacionada con muchas enfermedades relacionadas con la edad, incluyendo cáncer, ciertos trastornos cerebrales y enfermedades cardíacas.

ACORTAMIENTO DE TELÓMEROS

Papel de los Telómeros en el Envejecimiento Celular

¿Qué son los telómeros? Los telómeros son secuencias repetitivas de ADN en los extremos de los cromosomas. Actúan como tapas protectoras, evitando que los extremos de nuestros cromosomas se deshilachen o se fusionen entre sí.

¿Por qué se acortan? Cada vez que una célula se divide, sus telómeros se acortan un poco porque las enzimas que copian el ADN no pueden replicar completamente los extremos de los cromosomas.
¿Qué sucede cuando se acortan demasiado? Los telómeros críticamente cortos hacen que las células lo vean como daño en el ADN, deteniendo la división celular o activando la muerte celular. Este proceso es un factor importante en el envejecimiento y en condiciones que empeoran con la edad.

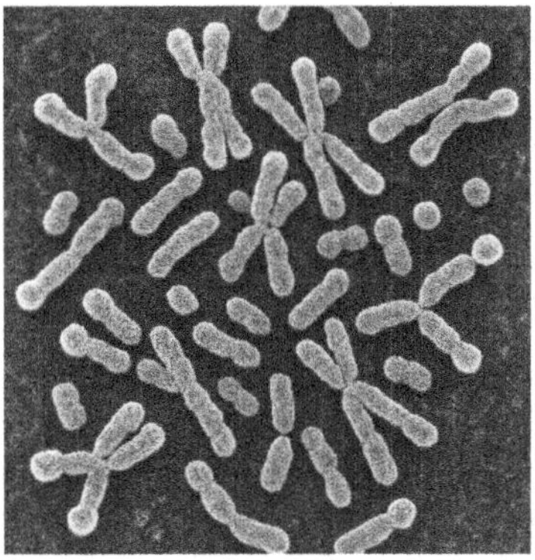

Telómeros

LA ACTIVACIÓN DE TELÓMEROS

Estrategias para alargar los telómeros ¿Cómo se pueden alargar los telómeros? La telomerasa es una enzima que puede extender los telómeros. En la mayoría de las células adultas, la telomerasa está desactivada. En algunas células, como las germinales (óvulos y espermatozoides), la telomerasa está activa y estas células mantienen telómeros más largos.
Intervenciones posibles:
Terapia génica: Introducir o aumentar la actividad de la telomerasa en las células.
Medicamentos (como TA-65): Moléculas pequeñas que afirman mejorar la actividad de la telomerasa.
Riesgos: Si las células siguen dividiéndose sin límite (gracias a la telomerasa activa), hay un mayor riesgo de cáncer porque estas células pueden potencialmente crecer sin control. En general, la conclusión es que las mutaciones que se acumulan con el tiempo y el acortamiento de los telómeros juegan roles centrales en cómo envejecen las células, contribuyendo a diversas enfermedades. Aunque impulsar la actividad de la telomerasa podría ayudar a que las células se mantengan "más jóvenes", también genera la preocupación de promover un crecimiento celular descontrolado.

Desarrollo Reciente: En marzo de 2025, investigadores de la Universidad de Stanford desarrollaron una prueba de sangre no invasiva para medir la longitud de los telómeros de manera más precisa, permitiendo a los médicos rastrear el envejecimiento biológico y adaptar intervenciones como el ejercicio o el manejo del estrés para proteger los telómeros (Medición de Telómeros).

Piensa en los telómeros como las puntas plásticas en los extremos de tus cordones de zapatos (llamadas aglets). Mantienen tus cordones de deshilacharse. Cada vez que tus células se dividen, los telómeros se acortan un poco, como si las puntas plásticas se desgastaran cada vez que atas tus zapatos. Eventualmente, se vuelven demasiado cortos y los cordones comienzan a deshilacharse, lo que hace que las células dejen de funcionar correctamente. La telomerasa es como un pegamento mágico que puede reconstruir las puntas plásticas, haciendo que los cordones (telómeros) sean más largos nuevamente.

Los científicos están explorando formas de usar la telomerasa para evitar que los telómeros se acorten demasiado, esperando que esto pueda ralentizar el envejecimiento. Pero deben ser cuidadosos porque usar demasiado "pegamento mágico" podría causar problemas, como células que crecen fuera de control (lo que puede llevar al cáncer).

POR QUÉ IMPORTA

Mantener los telómeros largos podría ayudar a que las células se mantengan saludables por más tiempo, como mantener los cordones de no deshilacharse para que tus zapatos duren más. Pero es importante encontrar un equilibrio para evitar efectos secundarios no deseados.

"Lo que descubrí el Día de Navidad de 1984, a través de evidencia bioquímica, fue que los telómeros podrían alargarse por la enzima que llamamos telomerasa, que evita que los telómeros se desgasten. Después de descubrir eso, fui a casa y puse 'Born in the USA' de Bruce Springsteen, que acababa de salir, y bailé y bailé y bailé." – Carol W. Greider

Carol Greider

Crédito: – Wikimedia Commons

ALTERACIONES EPIGENÉTICAS

Piensa en tu ADN como un gran manual de instrucciones. La epigenética se refiere a pequeñas "etiquetas" o "marcadores" añadidos a este manual (o a las proteínas que lo empaquetan), que cambian cómo lees las instrucciones sin alterar las palabras en sí mismas (la secuencia de ADN).

Estas modificaciones actúan como reguladores de intensidad para los genes, subiéndolos o bajándolos, en lugar de reescribir su código.

TIPOS DE MODIFICACIONES EPIGENÉTICAS

Metilación del ADN: Es como colocar una etiqueta química (un grupo metilo) en ciertas letras de tu ADN. Generalmente, más etiquetas significan que el gen está bajado o apagado.

Modificaciones de Histonas: El ADN está envuelto alrededor de proteínas llamadas histonas. Añadir o quitar marcas químicas en las histonas cambia cuán apretado está enrollado el ADN, lo que afecta si los genes están "abiertos" (más fáciles de leer) o "cerrados" (más difíciles de leer).

ARNs No Codificantes: Estos son ARNs que no producen proteínas directamente, pero ayudan a controlar qué genes están activos.

ENVEJECIMIENTO Y DESREGULACIÓN

A medida que envejecemos, estas etiquetas epigenéticas a menudo cambian de maneras poco útiles, lo que lleva a que los genes se activen o desactiven en momentos equivocados. Esto puede causar que las células funcionen mal y desequilibren el cuerpo.

El **Dr. Steve Horvath** desarrolló un "reloj epigenético" que mide cómo cambian estos patrones de metilación del ADN con la edad. Puede predecir la "edad biológica" de alguien, que puede diferir de su edad cronológica real.

CAMBIOS REVERSIBLES VS. IRREVERSIBLES

La buena noticia: Los cambios epigenéticos a veces pueden revertirse. Los científicos pueden usar técnicas (como la tecnología de células madre pluripotentes inducidas) para "reiniciar" estas etiquetas, haciendo que las células se comporten como si fueran más jóvenes. Este es uno de los desarrollos más emocionantes en la investigación de reversión del envejecimiento.

El desafío: Reiniciar todas las etiquetas a la vez puede ser peligroso. Podría accidentalmente hacer que las células pierdan su identidad normal o incluso se vuelvan cancerosas. Por lo tanto, cualquier terapia que intente revertir el envejecimiento a través de la epigenética debe hacerse con cuidado para evitar estos riesgos.

Desarrollo Reciente: En abril de 2025, un ensayo clínico reportó que combinar meditación con una dieta rica en polifenoles redujo significativamente la edad epigenética en los participantes, según lo medido por el reloj de Horvath, ofreciendo una forma natural de ralentizar el envejecimiento (Reversión Epigenética).

En resumen, la epigenética trata de CÓMO nuestro cuerpo lee nuestro ADN. Con el tiempo, estos patrones de lectura pueden cambiar, llevando a signos de envejecimiento. La esperanza radica en encontrar formas seguras de corregir o reiniciar estos patrones para que las células funcionen mejor y posiblemente ralenticen o reviertan algunos aspectos del envejecimiento.

Piensa en tus genes como una lista de reproducción musical. La epigenética es como los controles de volumen y los interruptores de encendido/apagado de cada canción. A medida que envejeces, algunas canciones que deberían sonar se bajan o apagan, y otras que no deberían sonar se suben.

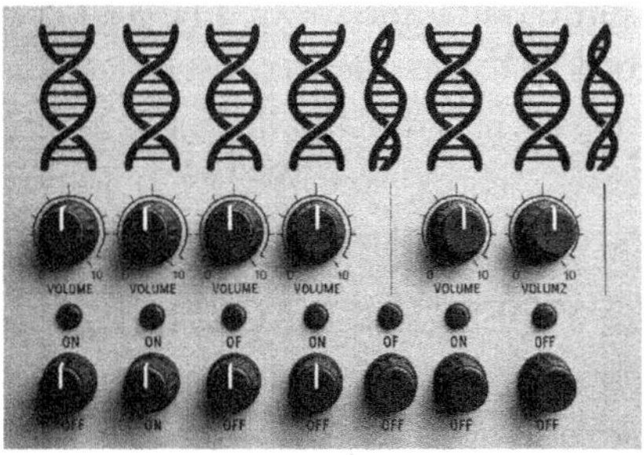

El 'reloj' del **Dr. Steve Horvath** puede decir qué tan viejas son tus células al observar estos ajustes de volumen (patrones de metilación del ADN). Los científicos están buscando formas de ajustar el volumen de vuelta a los niveles de cuando eras más joven, con la esperanza de mantener las células funcionando bien. Si podemos descifrar cómo reiniciar estos interruptores, podríamos 'reafinar' nuestras células para que se mantengan más saludables mientras envejecemos, como actualizar una lista de reproducción para mantenerla fresca y agradable.

PÉRDIDA DE PROTEOSTASIS (EQUILIBRIO DE PROTEÍNAS)

Plegado y Agregación de Proteínas: En términos médicos, la proteostasis implica regular el conjunto de proteínas celulares a través de la síntesis, el plegado, el transporte y la degradación. Las chaperonas moleculares ayudan en el plegado correcto de las proteínas. Las proteínas mal plegadas pueden agregarse, formando oligómeros y fibrillas tóxicas que interrumpen la función celular.

Las células equilibran cuidadosamente la producción, el plegado, el movimiento y la descomposición de las proteínas (este equilibrio se llama proteostasis). Las chaperonas moleculares son proteínas especiales que ayudan a otras proteínas a plegarse correctamente. Si las proteínas no se pliegan correctamente, pueden formar grumos dañinos (agregados). Estos grumos pueden dañar las células y llevar a enfermedades como:

Enfermedad de Alzheimer: Relacionada con placas de β-amiloide y ovillos de tau.

Enfermedad de Parkinson: Relacionada con grumos de α-sinucleína llamados cuerpos de Lewy.

AUTOFAGIA (LIMPIEZA CELULAR)

La autofagia es el sistema de reciclaje de la célula: descompone y reutiliza partes celulares desgastadas y proteínas mal plegadas en estructuras llamadas lisosomas. Hay diferentes tipos, como macroautofagia, microautofagia y autofagia mediada por chaperonas. Potenciar la autofagia puede ayudar a las células a lidiar con acumulaciones de proteínas dañinas y a funcionar mejor.

FORMAS DE AUMENTAR LA AUTOFAGIA:

Restricción Calórica: Comer menos calorías (sin causar desnutrición) ha demostrado estimular la autofagia.

Medicamentos: Medicaciones como la rapamicina y la metformina pueden imitar algunos efectos de la restricción calórica y también pueden mejorar la autofagia.

Desarrollo Reciente: En mayo de 2025, un nuevo medicamento inductor de autofagia entró en ensayos clínicos de fase II, mostrando promesas en la eliminación de agregados de proteínas relacionados con la enfermedad de Alzheimer, ofreciendo potencialmente una nueva forma de mantener la proteostasis (Ensayo de Medicamento de Autofagia).

Las proteínas en tus células deben plegarse justo como corresponde para funcionar, como formas de origami. A veces, se pliegan mal y se pegan, formando grumos como audífonos enredados. Estos grumos pueden causar problemas cerebrales como la enfermedad de Alzheimer. La autofagia es como el servicio de reciclaje y basura de tu célula. Limpia partes rotas y proteínas mal plegadas. Puedes potenciar este equipo de limpieza comiendo menos (restricción calórica) o tomando ciertos medicamentos.

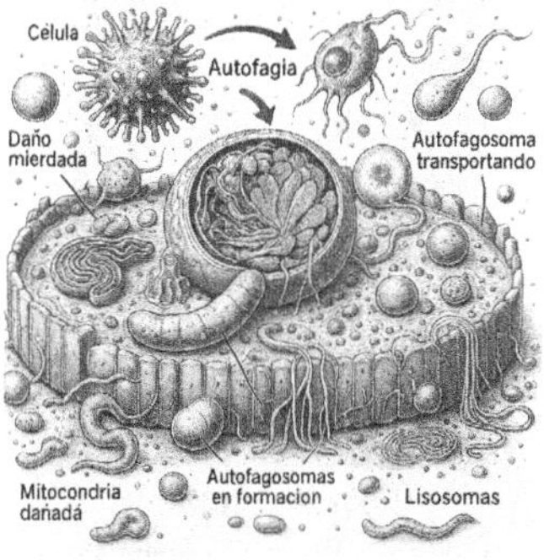

Plegar correctamente las proteínas y limpiar las que están mal plegadas ayuda a que las células se mantengan saludables. Es como guardar los zapatos para no tropezar con ellos.

UNIFICANDO TODO

Entender estos sellos del envejecimiento proporciona conocimientos sobre los complejos procesos biológicos que conducen al declive relacionado con la edad. Explorar la inestabilidad genómica, el acortamiento de los telómeros, las alteraciones epigenéticas y la pérdida de proteostasis ayudará a los investigadores a desarrollar intervenciones que podrían extender nuestra esperanza de vida y mejorar la salud durante el envejecimiento.

Los científicos son como detectives, estudiando por qué nuestros cuerpos cambian a medida que envejecemos. Están investigando cómo se daña nuestro ADN, cómo se desgastan los extremos protectores de nuestros cromosomas (como las puntas de los cordones de zapatos), cómo se desajustan los "interruptores" que controlan nuestros genes, y cómo las proteínas en nuestras células a veces se pliegan mal y causan problemas.

Al entender estos cambios, esperan encontrar formas de ayudarnos a mantenernos más saludables y tal vez incluso vivir más tiempo, ¡posiblemente hasta los 150 años! Es como descubrir cómo mantener un coche funcionando suavemente durante muchos más kilómetros cuidando el motor, arreglando cualquier problema y usando el mejor combustible.

"El cuerpo en sí mismo es un procesador de información. La memoria no reside solo en los cerebros, sino en cada célula. No es de extrañar que la genética floreciera junto con la teoría de la información. El ADN es la molécula de información por excelencia, el procesador de mensajes más avanzado a nivel celular: un alfabeto y un código, 6 mil millones de bits para formar un ser humano." – James Gleick"

James Gleick

Crédito: – Wikimedia Commons

PROTEGIENDO TU ADN Y LA ESTABILIDAD GENÓMICA QUÉ PUEDES HACER AHORA

MANTENTE A SALVO DE LA RADIACIÓN EXCESIVA

Protección Solar: Usa sombreros, gafas de sol y protector solar con pocos o ningún químico para proteger tu piel de los rayos dañinos del sol. Limita las **Radiografías Innecesarias:** Realiza exploraciones médicas como rayos X o tomografías solo cuando tu médico lo considere necesario.

COME ALIMENTOS RICOS EN ANTIOXIDANTES

Frutas y Verduras Coloridas: Alimentos como bayas, naranjas, espinacas y brócoli ayudan a proteger tus células del daño.

MANTÉN HÁBITOS SALUDABLES

No Fumes: Fumar puede dañar tu ADN y acelerar el envejecimiento.

Duerme Suficiente para ayudar a tu cuerpo a repararse, incluyendo la reparación del ADN dañado.

COSAS EMOCIONANTES QUE VIENEN PRONTO MEJOR REPARACIÓN DEL ADN

Investigación Científica: Científicos como el Dr. Jan Vijg están estudiando cómo nuestros cuerpos reparan el ADN para mantener las células saludables. **Tratamientos Futuros:** En los próximos años, nuevos medicamentos podrían ayudar a nuestras células a reparar el ADN de manera más efectiva, ralentizando el envejecimiento y previniendo enfermedades.

PROTEGIENDO LAS TAPAS DE LOS CROMOSOMAS: ACORTAMIENTO DE TELÓMEROS
QUÉ PUEDES HACER
AHORA MANTENTE ACTIVO

Ejercicio Regular, como correr, nadar o practicar deportes, ayuda a mantener las células jóvenes al proteger los telómeros (las tapas de los cromosomas).

MANEJA EL ESTRÉS

Relájate y Desconéctate: Hacer cosas que disfrutas, como leer, dibujar, tocar música o pasar tiempo con amigos, puede reducir el estrés y proteger tus telómeros.

COME UNA DIETA SALUDABLE

Comidas Equilibradas: Consumir muchas frutas, verduras y granos integrales apoya la salud celular en general.

Todos tendemos a olvidar que nuestros cuerpos necesitan un mantenimiento preventivo regular. Si tratáramos nuestros cuerpos como tratamos nuestros coches, todos estaríamos en mejor forma. **Steve Jobs** tuvo una gran perspectiva sobre esta idea; nutre tu cuerpo y mente aunque tus acciones nunca sean vistas por otros, pero tú sabes lo que has hecho; has tomado los pasos correctos para hacerte lo más completo y saludable posible:

"Cuando eres un carpintero haciendo un hermoso cómoda, no vas a usar un pedazo de contrachapado en la parte trasera, aunque esté contra la pared y nadie lo vea nunca. Sabrás que está ahí, así que usarás un pedazo de madera hermoso en la parte trasera." – Steve Jobs

Haz solo las cosas mejores y más saludables que puedas para tu cuerpo, tu templo. Si tienes un día de "trampa", está bien; solo levántate, sacúdete el polvo y comienza de nuevo. Te sentirás mejor contigo mismo, lo prometo. Para un mejor entendimiento del manejo del peso y una dieta adecuada, consulta mi libro ***La Dieta Definitiva con IA - Consolidando las Mejores Dietas de los Últimos 100 Años.***

COSAS EMOCIONANTES QUE VIENEN PRONTO INVESTIGACIÓN EN TELOMERASA

Estudiando Enzimas Celulares: Los científicos continúan explorando la telomerasa, una enzima que puede alargar los telómeros.

Terapias Potenciales: En el futuro, los tratamientos podrían ayudar a mantener los telómeros más largos, posiblemente ralentizando el envejecimiento, pero los científicos deben asegurarse de que sean seguros y no causen problemas como el cáncer.

AJUSTANDO LA ACTIVIDAD GENÉTICA: ALTERACIONES EPIGENÉTICAS

QUÉ PUEDES HACER AHORA VIDA SALUDABLE

Evita Químicos Dañinos: Mantente alejado de contaminantes y sustancias tóxicas que pueden cambiar cómo funcionan tus genes.

NUTRE TU CUERPO

Alimentos Ricos en Vitaminas B: Comer verduras de hoja verde, granos integrales y huevos puede apoyar una actividad genética saludable.

MANTENTE ACTIVO Y LIBRE DE ESTRÉS

Ejercicio Regular: La actividad física puede tener efectos positivos en tus genes.
Relajación: Actividades como yoga, meditación o simplemente pasar tiempo al aire libre pueden ayudar. Aprende a "reformular" el estrés.

"Disfruta la presión. Disfruta el estrés. Disfruta estar incómodo. Y no lo evites, abrázalo." – Gary Woodland

NUEVOS DESARROLLOS EN REINICIAR EL RELOJ DEL ENVEJECIMIENTO

Investigación Epigenética: Científicos como el **Dr. Steve Horvath** están descubriendo cómo los cambios en la actividad genética afectan el envejecimiento.
Posibilidades Futuras: Tal vez algún día podamos "reprogramar" nuestras células para que actúen más jóvenes, mejorando la salud y la longevidad.

MANTENIENDO LAS PROTEÍNAS SALUDABLES: PÉRDIDA DE PROTEOSTASIS

QUÉ PUEDES HACER AHORA

COME PARA LA SALUD DE LAS PROTEÍNAS

Alimentos Antioxidantes: Frutas como arándanos y verduras como col rizada ayudan a proteger las proteínas en tu cuerpo.

MANTENTE ACTIVO

Ejercicio Regular: Ayuda a tu cuerpo a manejar las proteínas mejor y mantiene las células funcionando correctamente.

POTENCIA LA LIMPIEZA CELULAR CON AYUNO INTERMITENTE

Con Guía Médica: A veces, períodos cortos de ayuno (saltarse una comida) pueden ayudar a los procesos de limpieza de tu cuerpo, pero solo hazlo si es seguro y un profesional médico lo aprueba.

COSAS EMOCIONANTES QUE VIENEN PRONTO

MEJORANDO LA AUTOFAGIA

Descubrimientos Científicos: Los investigadores están encontrando formas de mejorar la autofagia, el proceso donde las células limpian partes dañadas. **Prevención de Enfermedades:** En el futuro, potenciar la autofagia podría ayudar a prevenir enfermedades como el Alzheimer al evitar que las proteínas se aglomeren.

UNIFICANDO TODO

Mientras los científicos trabajan arduamente en nuevas formas de ayudarnos a vivir vidas más largas y saludables, hay muchas cosas que puedes hacer ahora mismo:

Vive un Estilo de Vida Saludable: Come alimentos nutritivos, mantente activo, duerme lo suficiente y evita sustancias dañinas.

Protégete: Usa protector solar, usa ropa protectora y mantente alejado de contaminantes.

Maneja el Estrés a través de actividades que te permitan relajarte y disfrutar de la vida.

MIRANDO HACIA EL FUTURO

Mantente Curioso: Sigue aprendiendo sobre nuevos descubrimientos científicos que podrían ayudarnos a envejecer mejor. A medida que profundizamos en nuestro cuerpo a nivel celular, nuevas técnicas médicas y quirúrgicas serán inventadas naturalmente que resolverán muchos problemas relacionados con mantener nuestras células jóvenes y fuertes.

Tratamientos Futuros: Terapias nuevas y emocionantes podrían estar disponibles en los próximos 5-10 años, pero vivir saludablemente ahora es la mejor manera de prepararte. Al tomar estos pasos, estás ayudando a que tu cuerpo se mantenga fuerte y saludable ahora y en el futuro.

"La enfermedad y la mala salud son causadas en gran medida por daños a nivel molecular y celular, pero las herramientas quirúrgicas actuales son demasiado grandes para lidiar con ese tipo de problema." – Ralph Merkle

DETERMINACIÓN GENÉTICA DE LA ESPERANZA DE VIDA

Anteriormente, proporcioné una cita del **Dr. David Sinclair**, profesor de genética en la Escuela de Medicina de Harvard, afirmando que aproximadamente el 20% de la esperanza de vida humana está determinada por factores genéticos, mientras que el 80% restante está influenciado por el estilo de vida y factores ambientales. Esta estimación se alinea con varios estudios científicos que han examinado la heredabilidad de la esperanza de vida usando datos de gemelos y familias.

Un estudio publicado en *Nature Communications* analizó datos de millones de árboles genealógicos. Concluyó que la heredabilidad de la esperanza de vida humana es probablemente menor de lo reportado anteriormente y puede representar menos del 20% de las diferencias individuales.

Por lo tanto, la afirmación del **Dr. Sinclair** de que solo alrededor del 20% de la longevidad está determinada genéticamente es ampliamente consistente con la investigación genética actual.

DIVISIONES RACIALES/ÉTNICAS EN LA ESPERANZA DE VIDA

Las diferencias en la esperanza de vida entre varios grupos étnicos y raciales están bien documentadas. Aunque los factores genéticos juegan un papel (alrededor del 20%), factores como el estilo de vida, el estatus socioeconómico, el acceso a la atención médica, la dieta y el entorno suelen tener un impacto mayor.

Datos de Estados Unidos (Pre-Pandemia):
En 2019, el CDC informó que los hispanoamericanos tenían una esperanza de vida de 81.9 años, en comparación con 78.8 años para los blancos no hispanos y 74.8 años para los negros no hispanos. Los asiático-americanos generalmente tienen una esperanza de vida aún más alta que estos grupos.

Datos Globales:
Países como Japón consistentemente ocupan los primeros lugares en esperanza de vida: alrededor de 87 años para mujeres y 81 para hombres (OMS, 2019). Ciertas poblaciones (por ejemplo, en "Zonas Azules" o entre grupos como los judíos asquenazíes) también muestran esperanzas de vida particularmente largas. Profundizaré en las Zonas Azules más adelante en el libro.

Investigación sobre Longevidad en Judíos Asquenazíes: Los estudios del **Dr. Nir Barzilai** en el *Albert Einstein College of Medicine* se han centrado en centenarios judíos asquenazíes debido a su genética relativamente homogénea. Estos estudios revelaron variantes genéticas específicas (por ejemplo, en CETP) relacionadas con una longevidad excepcional y un retraso en las enfermedades relacionadas con la edad. Los descendientes de estos centenarios también tienden a mostrar perfiles cardiovasculares más saludables y un inicio más tardío de enfermedades comunes.

En general, aunque algunos grupos (incluidos los judíos asquenazíes) muestran tasas más altas de ciertas variantes genéticas de "longevidad", las mayores influencias en la esperanza de vida siguen siendo los factores de estilo de vida y ambientales más que la genética sola.

"Estoy fascinado por la idea de que la genética es digital. Un gen es una larga secuencia de letras codificadas, como información de computadora. La biología moderna se está convirtiendo en gran medida en una rama de la tecnología de la información." – Richard Dawkins

CAPÍTULO DOS

SENESCENCIA CELULAR E INFLAMACIÓN

Muchos científicos creen que la inflamación es el contribuyente más devastador al deterioro celular, lo que lleva a enfermedades y envejecimiento. La inflamación puede ser útil cuando estás luchando contra una infección, pero la inflamación crónica es un problema grave.

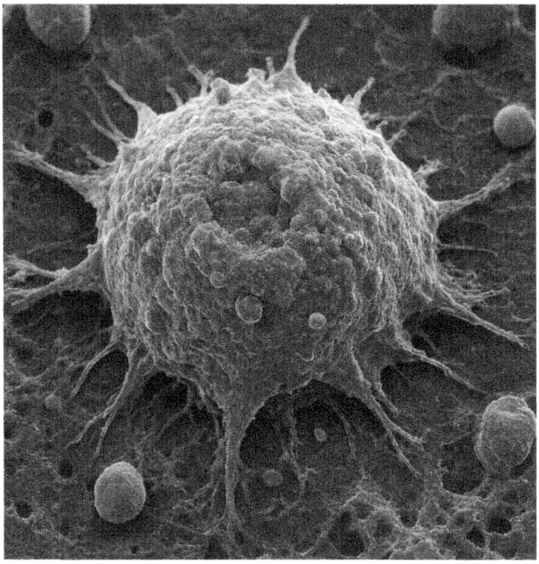

ENTENDIENDO LA SENESCENCIA CELULAR

CAUSAS Y CONSECUENCIAS DE LAS CÉLULAS SENESCENTES

La senescencia celular es un estado en el que las células dejan de dividirse, causado por estresores como telómeros extremadamente cortos (las tapas protectoras de los cromosomas de las que hablamos en el Capítulo 1), exceso de estrés oxidativo por exposición al sol, o señales genéticas erráticas (activación de oncogenes). Esta parada es salvadora porque evita que las células dañadas se conviertan en cancerosas, pero el problema es que estas células no divisibles se acumulan con el tiempo, alteran el funcionamiento de los tejidos y juegan un rol importante en el envejecimiento y enfermedades como la artritis o problemas cardíacos. Piensa en tus células como máquinas fotocopiadoras que producen copias de sí mismas. Cada copia consume un poco de sus extremos protectores, llamados telómeros, como las puntas plásticas de los cordones de zapatos.

Cuando esas puntas se acortan demasiado, la máquina se apaga: deja de copiar y entra en un estado de sueño llamado senescencia. Otras cosas, como demasiado sol o señales genéticas malas, también pueden forzar a las células a este estado para evitar que causen daño.

CONTRIBUCIONES DE LA DR. JUDITH CAMPISI

La investigación de la **Dr. Judith Campisi** muestra que la senescencia es una espada de doble filo. Es como un superhéroe que detiene a las células dañadas para que no se conviertan en cáncer, pero esas células dormidas no se quedan quietas: comienzan a enviar señales que causan problemas, provocando inflamación y acelerando el envejecimiento o enfermedades. Su trabajo nos ayuda a entender por qué estas células pueden ser tanto una bendición como una maldición.

MECANISMOS DE INDUCCIÓN DE LA SENESCENCIA Y EFECTOS

Entonces, ¿qué activa el interruptor para hacer que las células sean senescentes? A menudo es una respuesta al daño en el ADN (DDR), como un sistema de alarma en tus células que detecta problemas, como cadenas de ADN rotas por estrés oxidativo o telómeros cortos. Cuando suena la alarma, las células dejan de dividirse para evitar transmitir daño, un proceso impulsado por proteínas como p53 y p16. Pero las células senescentes no se quedan ahí: afectan a las células cercanas a través de una mezcla de señales llamada fenotipo secretor asociado a la senescencia, o SASP, de la que hablaremos a continuación. Estas señales pueden alterar el tejido alrededor, como un vecino gruñón causando drama, llevando a articulaciones rígidas, músculos débiles o incluso problemas cardíacos. Un estudio de 2025 en Circulation encontró que las células senescentes en vasos sanguíneos contribuyen directamente a enfermedades cardíacas al hacerlos menos flexibles, mostrando cómo estas células impulsan el envejecimiento.

Esta disrupción de tejidos no es solo un problema local: se extiende, causando inflamación crónica que envejece todo tu cuerpo más rápido. Al entender esto, puedes ver por qué mantener bajo control las células senescentes es clave para permanecer joven, y es por eso que los científicos están tan emocionados con nuevas formas de eliminarlas, de las que hablaremos más adelante.

FENOTIPO SECRETOR ASOCIADO A LA SENESCENCIA (SASP)

Cuando las células se vuelven senescentes, no se retiran en silencio: comienzan a gritar, liberando una mezcla de señales llamada SASP. Esto incluye citoquinas proinflamatorias —moléculas que aumentan la inflamación— y proteasas, enzimas que descomponen proteínas y dañan tejidos. Es como si estas células enviaran un SOS constante que provoca problemas, alimentando la inflamación crónica y pavimentando el camino para enfermedades como artritis, enfermedades cardíacas o incluso cáncer.

Desarrollo Reciente: En marzo de 2025, un estudio en Aging Cell encontró un compuesto derivado de la quercetina basado en plantas que reduce las señales SASP en ratones, calmando la inflamación sin eliminar completamente las células senescentes. Esto podría llevar a terapias más suaves para manejar los efectos del envejecimiento.

"En la investigación básica, el uso del microscopio electrónico nos ha revelado el complejo universo de la célula, la unidad básica de la vida."
– Gunter Blobel

Gunter Blobel
Crédito: – Wikimedia Commons

INFLAMACIÓN

La inflamación es la forma en que tu cuerpo combate invasores, como una fiebre cuando tienes una infección. Pero a medida que envejeces, puedes quedar atrapado en un estado de inflamación constante de bajo nivel llamado inflamvejecimiento. Esto ocurre porque tu sistema inmunitario se mantiene en alerta alta, liberando moléculas como IL-6 y TNF-α, incluso cuando no hay una amenaza real. Está relacionado con un sistema inmunitario más débil (inmunosenescencia), que se vuelve menos efectivo pero más propenso a activarse, lo que lleva a problemas como enfermedades cardíacas, diabetes tipo 2, problemas cerebrales y cáncer.

Imagina el sistema de defensa de tu cuerpo como un equipo de seguridad. Cuando eres joven, responde a amenazas reales y luego se relaja. A medida que envejeces, está siempre tenso, como guardias que nunca toman un descanso, causando daños accidentales a partes saludables de tu cuerpo, como vasos sanguíneos, control de azúcar o incluso células cerebrales.

EL ROL DEL SISTEMA INMUNITARIO EN LA SENESCENCIA

Tu sistema inmunitario debería actuar como un equipo de limpieza, detectando y eliminando células senescentes antes de que causen demasiado problema. Usa células especiales, como las células asesinas naturales (NK) y macrófagos, para eliminarlas, manteniendo tus tejidos saludables. Pero a medida que envejeces, este equipo de limpieza se vuelve lento, un proceso ligado a la inmunosenescencia, lo que significa que las células senescentes se quedan más tiempo, liberando SASP y impulsando la inflamación. Un estudio de 2024 en Nature Reviews Immunology mostró que potenciar la actividad de las células NK en ratones mayores redujo la acumulación de células senescentes, mejorando la esperanza de vida saludable. Los científicos ahora están explorando terapias, como medicamentos que mejoran el sistema inmunitario, para acelerar este proceso de limpieza, lo que podría cambiar las reglas del juego para ralentizar el envejecimiento.

Puedes ayudar a tu sistema inmunitario a hacer su trabajo comiendo alimentos ricos en nutrientes, como esas bayas y pescado que mencioné, y manteniéndote activo, lo que mantiene afiladas tus células inmunitarias. En el futuro, nuevos tratamientos podrían supercargar la capacidad de tu cuerpo para eliminar células senescentes, reduciendo la inflamación y manteniéndote más saludable por más tiempo.

"Reduce la inflamación para tratar la raíz de muchos problemas. Si tu intestino no funciona bien, puede causar tantos otros problemas."
– Jay Woodman

ESTRATEGIAS PARA MITIGAR LA INFLAMACIÓN

Para mantener bajo control el inflamvejecimiento y las células senescentes, tienes herramientas poderosas ahora mismo. Dietas antiinflamatorias llenas de antioxidantes —como bayas, espinacas y brócoli—, ácidos omega-3 de pescado y polifenoles en alimentos como chocolate negro pueden reducir esas señales dañinas. El ejercicio regular, como andar en bicicleta o bailar, equilibra tu sistema inmunitario al bajar citoquinas proinflamatorias y aumentar las antiinflamatorias. Trucos para combatir el estrés, como meditación o yoga, reducen los niveles de cortisol, lo que ayuda a calmar la inflamación, como vimos en el Capítulo 14 de mi quinto libro en esta serie titulado ***El Poder Ilimitado de Tu Mente y Cuerpo: Cómo Vivir Más Tiempo Naturalmente***

Reprogramando Tu Mente, Cuerpo y Genes para Fuerza y Vitalidad. Y los médicos pueden prescribir medicamentos como AINE o inhibidores de citoquinas, mientras que nuevos senolíticos —medicamentos que eliminan células senescentes— están mostrando promesas.

Desarrollo Reciente: En enero de 2025, un ensayo de fase II reportó que una nueva combinación de senolíticos (dasatinib y quercetina) mejoró la función articular en adultos mayores con osteoartritis al eliminar células senescentes, insinuando beneficios anti-envejecimiento más amplios. Estos medicamentos aún se están probando, pero podrían ofrecer pronto una forma de atacar la inflamación en su raíz.

"La verdad es que no hay estrés o ansiedad real en el mundo; son tus pensamientos los que crean estas falsas creencias. No puedes empaquetar el estrés, tocarlo o verlo. Solo hay personas involucradas en pensamientos estresantes." – Dr. Wayne Dyer

Al mantener bajo tu nivel de estrés, apoyas la capacidad de tu cuerpo para envejecer de manera saludable y reduces el riesgo de enfermedades relacionadas con la edad. Hazlo ahora en lugar de planear hacerlo después. Se trata más de adoptar hábitos saludables consistentes que de establecer metas. En las palabras de mi buen amigo, el lanzador del *Salón de la Fama* de la Major League Baseball **Trevor Hoffman:**

"Me enorgullezco de ser consistente. Así que sí, definitivamente significa algo, aunque no establezco metas."

Tad Sisler with Trevor Hoffman

Fuente - Colección Privada Sisler

Mantener un ojo en la senescencia y la inflamación es como revisar el tablero de tu coche para detectar problemas temprano. Los científicos usan biomarcadores —signos medibles en tu cuerpo— para rastrear estos procesos. Un marcador clave es la β-galactosidasa asociada a la senescencia (SA-β-gal), que aparece en células senescentes, mientras que citoquinas inflamatorias como IL-6 y la proteína C-reactiva (CRP) señalan el inflamvejecimiento. Un estudio de 2025 en Journal of Gerontology desarrolló una prueba de sangre para medir los niveles de SA-β-gal, ayudando a los médicos a evaluar el envejecimiento y el riesgo de enfermedades.

QUÉ PUEDES HACER AHORA SOBRE LAS CÉLULAS ENVEJECIDAS

Ya estás en el camino correcto con un estilo de vida saludable, pero desglosémoslo. Come una dieta equilibrada llena de granos integrales, frutas y verduras para proteger tus células del daño. Mantente activo con cosas divertidas como andar en bicicleta, bailar o practicar deportes: ayuda a tu cuerpo a eliminar esas células senescentes dormidas. Mantén la exposición al sol bajo control con protector solar y ropa protectora, y evita contaminantes como el humo de cigarrillo para no estresar tus células.

Investigación Emocionante: Los científicos están investigando compuestos naturales, como la fisetina encontrada en las fresas, que podrían actuar como mini-senolíticos, ayudando a tu cuerpo a deshacerse de células viejas. Un estudio de 2024 en Aging mostró que la fisetina redujo células senescentes en ratones, y ensayos en humanos están en marcha. En los próximos años, podríamos ver nuevos tratamientos que hagan este proceso aún más fácil.

PROTÉGETE DE COSAS DAÑINAS

Para calmar ese equipo de seguridad hiperactivo en tu cuerpo, carga con alimentos antiinflamatorios: piensa en frutas coloridas como arándanos, verduras como col rizada, y grasas saludables de aguacates, nueces o aceite de oliva. Mantente en movimiento con actividades que amas, ya sea un trote matutino o una clase de baile, para equilibrar tu sistema inmunitario. Prueba técnicas de relajación como respiración profunda, yoga o un paseo en la naturaleza para bajar el estrés, y asegúrate de dormir lo suficiente para que tu cuerpo se repare. Estos hábitos son como decirle a los guardias de tu cuerpo que tomen un descanso, reduciendo la inflamación de manera natural.

Desarrollo Reciente: En abril de 2025, se lanzó un dispositivo wearable impulsado por IA para monitorear marcadores inflamatorios como IL-6 en tiempo real, dándote retroalimentación instantánea sobre cómo tu dieta o ejercicio afecta la inflamación. Esta tecnología, que exploraremos más en el Capítulo 21, podría ayudarte a ajustar tus hábitos para una salud máxima.

QUÉ ESPERAR PRONTO

En los próximos años, nuevos tratamientos podrían estar disponibles para ayudar a eliminar células viejas, potencialmente manteniendo a las personas más saludables a medida que envejecen.

CÓMO REDUCIR EL INFLAMVEJECIMIENTO HOY

ELIGE ALIMENTOS ANTIINFLAMATORIOS

Frutas y Verduras Coloridas: Estos alimentos tienen nutrientes especiales que combaten la inflamación.

Grasas Saludables: Alimentos como aguacates, nueces y aceite de oliva apoyan las defensas de tu cuerpo.

MANTENTE ACTIVO Y MANEJA EL ESTRÉS

Ejercicio Regular: Actividades que disfrutas pueden ayudar a reducir la inflamación dañina.

Técnicas de Relajación: Practicar respiración profunda, yoga o pasar tiempo en la naturaleza ayuda a bajar los niveles de estrés.

Duerme Suficiente: Un buen sueño nocturno ayuda a tu cuerpo a repararse y fortalece tu sistema inmunitario.

MIRANDO HACIA EL FUTURO

¿Qué podemos aprender de las personas que viven hasta los 100 años o más? Estudios sobre centenarios, como los del **Dr. Nir Barzilai** (mencionado en el Capítulo 1), muestran que a menudo tienen menos células senescentes y menor inflamación, gracias a ajustes genéticos o estilos de vida super saludables. Un estudio de 2025 en Science Advances encontró que los centenarios tienen perfiles inmunitarios únicos que eliminan células senescentes de manera más eficiente, insinuando por qué se mantienen ágiles. Al imitar sus hábitos —comer bien, mantenerse activo y mantener el estrés bajo— puedes reducir la senescencia y la inflamación, aumentando tus posibilidades de una vida larga y vibrante. En el futuro, nuevos medicamentos y tecnología podrían hacer esto aún más fácil, pero tus elecciones de hoy preparan el terreno.

UNIFICANDO TODO

La senescencia celular y el inflamvejecimiento son como culpables sigilosos detrás del envejecimiento, pero tienes el poder de contraatacar. Al entender cómo las células dormidas y la inflamación crónica afectan tu cuerpo, puedes tomar decisiones inteligentes —como comer alimentos antiinflamatorios, mover tu cuerpo y relajarte con yoga— para mantenerlos bajo control. Los científicos están trabajando en nuevos tratamientos geniales, como senolíticos y herramientas de IA, para ayudarnos a vivir más saludablemente por más tiempo, pero tus hábitos diarios son el verdadero cambio de juego. Sigue viviendo como un centenario, ¡y ya estás en el camino a una vida juvenil y vibrante —quizá incluso hasta los 150!

"Para mí, competir al más alto nivel, entrenar y vivir un estilo de vida saludable es un enfoque diario para mí." – Simone Biles

Simone Biles

Crédito: – Wikimedia Commons

CAPÍTULO TRES

DISFUNCIÓN MITOCONDRIAL Y CAMBIOS METABÓLICOS

'¿Cuántas mitocondrias se necesitan para alimentar una célula? Una. Porque las mitocondrias son la central energética de la célula. No está lista para el prime time, esa.' – Mike Birbiglia, Sleepwalk With Me

LA CENTRAL ENERGÉTICA DE LA CÉLULA MUTACIONES EN EL ADN MITOCONDRIAL

Las mitocondrias son como pequeñas centrales energéticas dentro de cada célula, convirtiendo los alimentos en energía (ATP) para mantener tu cuerpo funcionando. Pero a medida que envejecemos, estas centrales comienzan a fallar, produciendo menos energía y más subproductos dañinos que aceleran el envejecimiento y las enfermedades. En este capítulo, profundizaremos en cómo el daño al ADN mitocondrial, el estrés oxidativo y los cambios metabólicos como la resistencia a la insulina afectan tus células, y qué puedes hacer para mantenerlas funcionando bien para una vida más larga y saludable. Mientras escribo este libro, creo que es importante mencionar de nuevo que generalmente presentaré términos médicos algo sofisticados para explicar algo, y luego lo reformularé en historias, metáforas o anécdotas que sean más fáciles de entender. Como dijo mi viejo amigo, el **Exsecretario de Estado de los Estados Unidos**, el general **Colin Powell**:

'Los grandes líderes son casi siempre grandes simplificadores, que pueden atravesar argumentos, debates y dudas para ofrecer una solución que todos puedan entender.'

El Exsecretario de Estado de los Estados Unidos, el General Colin Powell y Tad Sisler
Fuente - Colección Privada Sisler

Las mitocondrias tienen su propio ADN, llamado ADNmt, que actúa como un manual de instrucciones para producir energía a través de un proceso llamado fosforilación oxidativa. Porque usan oxígeno para generar ATP, también crean especies reactivas de oxígeno (ERO) —piénsalo como humos tóxicos de escape— que pueden dañar este manual con el tiempo. A medida que se acumulan las mutaciones, las mitocondrias se vuelven descuidadas, produciendo menos energía y más ERO, lo que daña la función celular y impulsa el envejecimiento. Un estudio de 2024 en Nature Aging mostró que las mutaciones en el ADNmt en ratones mayores llevaron a músculos más débiles y problemas cardíacos, vinculando este daño al declive relacionado con la edad.

Imagina cada célula en tu cuerpo como una pequeña ciudad, con una central energética llamada mitocondria dentro. Esta central tiene un manual de instrucciones (ADNmt) que le dice cómo producir energía. Con el tiempo, el manual se mancha o se rasga debido al desgaste de producir energía, como un libro que se daña por el uso intenso. Cuando el manual no está claro, la central no puede producir energía bien, y la ciudad comienza a quedarse sin poder, contribuyendo al envejecimiento.

PRODUCCIÓN DE ENERGÍA Y ESTRÉS OXIDATIVO

Las mitocondrias se tratan de equilibrio: producir suficiente ATP para alimentar tus células mientras mantienen bajo control las ERO, esos humos de escape dañinos. Las ERO no son del todo malas; a niveles bajos, actúan como señales para mantener las células saludables. Pero demasiadas ERO pueden destruir lípidos, proteínas y ADN, causando estrés oxidativo. Tu cuerpo tiene antioxidantes, como la superóxido dismutasa y la glutatión peroxidasa, para limpiar las ERO, pero estas defensas se debilitan con la edad, permitiendo que se acumule el daño. Un estudio de 2025 en Cell Metabolism encontró que un nuevo antioxidante mitocondrial redujo el estrés oxidativo en ratones, potenciando la producción de energía y la esperanza de vida saludable (Estudio de Cell Metabolism).

Piensa en la producción de energía como una fábrica quemando combustible para hacer electricidad. El proceso crea humo (ERO) como subproducto. Normalmente, la ciudad tiene limpiadores (antioxidantes) que mantienen el aire limpio eliminando el humo. A medida que envejeces, los limpiadores se vuelven menos efectivos, y el humo se acumula, contaminando la ciudad y dañando sus estructuras, lo que acelera el envejecimiento y problemas relacionados. Es como no cambiar el aceite y los filtros de combustible en tu coche. Con esta acumulación tóxica con el tiempo, el coche simplemente dejará de funcionar en algún momento.

Desarrollo Reciente: En enero de 2025, investigadores reportaron un nuevo antioxidante dirigido a las mitocondrias que redujo el daño por ERO en células humanas, mostrando promesas para ralentizar el declive relacionado con la edad (Estudio de Antioxidante).

'Cuanto más alto sea tu nivel de energía, más eficiente será tu cuerpo. Cuanto más eficiente sea tu cuerpo, mejor te sentirás y más usarás tu talento para producir resultados sobresalientes.' – Tony Robbins

DINÁMICA MITOCONDRIAL: FISSIÓN Y FUSIÓN

Las mitocondrias no son solo centrales energéticas estáticas: son dinámicas, dividiéndose constantemente (fisión) y fusionándose (fusión) para mantenerse saludables. La fisión ayuda a aislar mitocondrias dañadas para su limpieza, mientras que la fusión les permite compartir recursos para aumentar la eficiencia. A medida que envejecemos, este equilibrio se desajusta, llevando a mitocondrias fragmentadas o oversized que no funcionan bien. Un estudio de 2025 en Nature Metabolism encontró que promover la fisión mitocondrial en ratones mayores mejoró la función muscular y la producción de energía, sugiriendo una nueva forma de combatir el envejecimiento (Estudio de Nature Metabolism). Apoyar la dinámica mitocondrial con ejercicio y una dieta rica en nutrientes puede mantener tus centrales energéticas en óptima forma, como veremos en los consejos prácticos a continuación.

Es como tus centrales energéticas en la ciudad dividiéndose en unidades más pequeñas para arreglar problemas o fusionándose para compartir energía. Cuando este proceso se desequilibra, algunas centrales se apagan y otras se vuelven demasiado grandes, causando cortes de energía. Mantenerlas equilibradas es clave para un cuerpo saludable y juvenil.

QUÉ PUEDES HACER AHORA

Para ayudar a que las **centrales energéticas** de tu cuerpo funcionen mejor y reducir la acumulación de humo, puedes:

Comer una Dieta Saludable: Come muchas frutas y verduras ricas en antioxidantes, como bayas, naranjas y espinacas. Estos alimentos actúan como limpiadores extra que ayudan a eliminar el humo de las ciudades de tu cuerpo.

Ejercicio Regular: Mantenerte activo aumenta la eficiencia de tu cuerpo en producir energía y manejar residuos, como mantener la maquinaria bien engrasada.

Evitar Toxinas:
Limitar la exposición a contaminantes como el humo de cigarrillo puede reducir el estrés extra en los limpiadores de tu cuerpo.

Este consejo tristemente suena idéntico al consejo que escuché a mi padre dar a sus pacientes hace medio siglo. Pero es una parte enorme del movimiento hacia la extensión de la vida. Los científicos están trabajando en nuevas formas de arreglar o proteger los manuales de instrucciones en nuestras centrales energéticas, lo que podría ayudar a ralentizar el envejecimiento. Estos avances podrían estar disponibles en el futuro, pero por ahora, el mejor enfoque es cuidar tu cuerpo con hábitos saludables.

'Si no fuera por la melanina en nuestra piel, la mioglobina en nuestros músculos y la hemoglobina en nuestra sangre, seríamos del color de las mitocondrias. Y, si eso fuera así, cambiaríamos de color cuando hiciéramos ejercicio o nos quedáramos sin aliento, para que pudieras decir cuán energizado está alguien por su color.' – Guy Brown

CAMBIOS METABÓLICOS

RESISTENCIA A LA INSULINA Y ENVEJECIMIENTO

La insulina es una hormona que actúa como una llave, abriendo las puertas de las células para dejar entrar el azúcar (glucosa) para energía. Cuando las células se vuelven resistentes a la insulina, esas puertas se oxidan, y el azúcar se queda en la sangre, causando problemas. Tu cuerpo bombea más insulina para compensar, pero esto lleva a inflamación crónica, más daño oxidativo y moléculas dañinas llamadas AGEs (productos finales de glicación avanzada) que aceleran el envejecimiento. La resistencia a la insulina es un sello de la diabetes tipo 2 y el síndrome metabólico, afectando duramente órganos como el corazón, el cerebro y el hígado. Un estudio de 2024 en Diabetes vinculó la resistencia a la insulina con un envejecimiento cerebral más rápido, mostrando su rol en el declive cognitivo (Estudio de Diabetes).

Imagina la insulina como un ayudante que abre puertas (células) para dejar entrar el azúcar de la sangre para energía. Cuando las puertas se oxidan, el azúcar se acumula en la sangre, como un camión de entrega atascado afuera. Este desorden causa inflamación, como jarabe pegajoso atrayendo hormigas, llevando a diabetes y envejecimiento más rápido.

EL ROL DE LAS VÍAS AMPK Y mTOR

Tus células tienen dos interruptores clave para manejar la energía y el crecimiento: AMPK y mTOR. AMPK es como un sensor de "bajo combustible": cuando la energía escasea, se activa para ahorrar poder y limpiar basura celular, manteniendo las células saludables. mTOR, por otro lado, es el interruptor de "crecimiento", acelerando cuando hay comida abundante para construir nuevas partes celulares. Si mTOR está siempre encendido, es como construir nuevos edificios sin arreglar los viejos, causando caos. La investigación del **Dr. Brian Kennedy** muestra que ajustar estos interruptores puede ralentizar el envejecimiento. Un ensayo de 2025 en Aging Cell encontró que un medicamento que potencia la actividad de AMPK mejoró el metabolismo en adultos mayores, insinuando potencial anti-envejecimiento (Ensayo de Aging Cell).

Piensa en AMPK como un administrador frugal de la ciudad que ahorra energía cuando los tiempos son difíciles, y en mTOR como un constructor que se desboca cuando hay mucho dinero. Equilibrarlos mantiene tu ciudad funcionando sin problemas, pero demasiada construcción sin mantenimiento la envejece rápido.

DETECCIÓN DE NUTRIENTES MÁS ALLÁ DE AMPK Y mTOR

Además de AMPK y mTOR, tus células usan otros sensores de nutrientes, como las sirtuinas, para manejar la energía y el envejecimiento. Las sirtuinas actúan como inspectores de control de calidad, asegurando que las células reparen el ADN y limpien los desechos cuando los nutrientes están equilibrados. Dependen de NAD+, una molécula que disminuye con la edad, ralentizando la actividad de las sirtuinas. Un estudio de 2024 en Nature Communications mostró que aumentar los niveles de NAD+ en ratones mejoró la función mitocondrial y la esperanza de vida saludable (Nature Communications). Comer alimentos ricos en vitaminas B (como verduras de hoja verde) o probar el ayuno intermitente puede apoyar a las sirtuinas, manteniendo tus células jóvenes.

Es como tener un equipo de inspectores en tu ciudad que se asegura de que todo esté reparado cuando los suministros de comida son estables. Si sus herramientas (NAD+) se agotan, las reparaciones se ralentizan, pero una buena dieta y el ayuno pueden mantenerlos en el trabajo.

MONITOREO DE LA SALUD MITOCONDRIAL

Rastrear tu salud mitocondrial es como revisar el motor de tu coche para detectar problemas temprano. Biomarcadores como los niveles de NAD+, la producción de ATP y marcadores de ERO (por ejemplo, malondialdehído) muestran cómo están funcionando tus centrales energéticas. Un estudio de 2025 en Journal of Clinical Investigation desarrolló una prueba de sangre para medir los niveles de NAD+, ayudando a los médicos a evaluar la función mitocondrial y el riesgo de envejecimiento (Journal of Clinical Investigation). Puedes pedirle a tu médico pruebas para el estrés oxidativo o marcadores metabólicos como la glucosa en ayunas, y pronto, dispositivos wearables podrían rastrear esto en tiempo real, como exploraremos en el Capítulo 21.

Estos marcadores te permiten ver si tu estilo de vida —comer bayas ricas en antioxidantes o ir al gimnasio— está manteniendo tus mitocondrias funcionando bien. También guían planes personalizados, en los que profundizaremos en el Capítulo 18, para aumentar tu energía y ralentizar el envejecimiento.

QUÉ PUEDES HACER AHORA

Para mantener a los ayudantes funcionando bien y los interruptores equilibrados en tu cuerpo:

Hábitos Alimenticios Saludables: Reduce el consumo de alimentos azucarados y carbohidratos refinados. Come granos integrales, grasas saludables y proteínas magras. Esto ayuda a mantener estable el azúcar en la sangre y las puertas funcionando sin problemas.

Actividad Física Regular: El ejercicio hace que las puertas sean menos oxidadas para que la insulina pueda abrirlas más fácilmente. También ayuda a equilibrar los interruptores de energía en tu cuerpo.

Evita Toxinas: Limita la exposición al humo de cigarrillo, smog u otros contaminantes que estresan las defensas de tus mitocondrias.

Ayuno Intermitente o Alimentación Consciente: Prueba la alimentación consciente o el ayuno nocturno (con guía médica) para activar AMPK y sirtuinas, promoviendo la limpieza celular, como exploraremos en el Capítulo 8.

MIRANDO HACIA LA LONGEVIDAD EXTREMA

¿Qué podemos aprender de las personas que viven hasta los 100 años o más? Estudios sobre centenarios, como los del **Dr. Nir Barzilai** (Capítulo 1), muestran que a menudo tienen mitocondrias súper eficientes y menor estrés oxidativo, gracias a ajustes genéticos o estilos de vida excepcionales. Un estudio de 2025 en Science Advances encontró que los centenarios tienen niveles más altos de NAD+ y mejor dinámica mitocondrial, explicando su energía juvenil (Science Advances). Al imitar sus hábitos —comer bien, mantenerse activo y mantener el estrés bajo— puedes mejorar tu salud mitocondrial y reducir la velocidad del envejecimiento. Las terapias futuras, como potenciadores de NAD+ o medicamentos mitocondriales, podrían facilitar esto, pero tus elecciones de hoy son la base para una vida larga y vibrante.

UNIFICANDO TODO

La disfunción mitocondrial y los cambios metabólicos son como un apagón en las ciudades de tu cuerpo, pero tienes las herramientas para mantener las luces encendidas. Al entender cómo el daño al ADN, el estrés oxidativo y la resistencia a la insulina ralentizan tus células, puedes tomar decisiones inteligentes —como comer alimentos ricos en antioxidantes, hacer ejercicio y ayunar de manera consciente— para mantener tus mitocondrias funcionando bien. Los científicos están desarrollando nuevos tratamientos, como antioxidantes mitocondriales y dispositivos wearables con IA, para ayudarnos a vivir más tiempo, pero tus hábitos diarios son los verdaderos campeones. ¡Vive como un centenario, y ya estás avanzando hacia una vida juvenil de 150 años!

'La energía y la persistencia conquistan todas las cosas.'
– Benjamin Franklin"

Benjamin Franklin

Crédito: – Wikimedia Commons/ https://creativecommons.org/publicdomain/zero/1.0/

PARTE II
GENÉTICA Y EPIGENÉTICA EN LA LONGEVIDAD

CAPÍTULO CUATRO
LA GENÉTICA DEL ENVEJECIMIENTO

Sin duda, el avance más trascendental en la comprensión de la condición humana desde el principio de los tiempos fue la secuenciación de nuestro código genético. Aunque la genética juega un papel significativo en el envejecimiento (esto lo sabemos, incluso con nuestro conocimiento limitado hasta ahora), las elecciones de estilo de vida también son importantes. Cuando adoptas hábitos saludables, apoyas la capacidad natural de tu cuerpo para repararse y protegerse.

'Tus genes cargan el arma. Tu estilo de vida jala el gatillo.'
– Dr. Mehmet Oz

Dr. Mehmet Oz
Crédito – Wikimedia Commons

SIRTUINAS Y SU IMPACTO EN EL ENVEJECIMIENTO

Las sirtuinas son una familia de siete enzimas desacetilasas dependientes de NAD^+ (SIRT1–SIRT7) que desempeñan roles cruciales en la regulación celular. Las sirtuinas son como el "equipo de mantenimiento" de la célula, usando una molécula llamada NAD^+ para ayudar a reparar el ADN, gestionar el metabolismo y proteger las células del estrés. El Dr. David Sinclair descubrió que activar ciertas sirtuinas (como SIRT1) con resveratrol —un compuesto presente en el vino tinto— puede imitar algunos de los beneficios de comer menos calorías. Esto ayuda a las células a producir energía de manera más eficiente, reparar daños y, en última instancia, ralentizar algunos aspectos del envejecimiento.

Desarrollo Reciente: En enero de 2025, un estudio en Cell Reports probó un nuevo activador de sirtuinas, SRT2104, que extendió la esperanza de vida en ratones en un 15% al mejorar la función mitocondrial y reducir la inflamación (Estudio de Cell Reports). Esto podría conducir a nuevas terapias antienvejecimiento, aunque se necesitan más ensayos en humanos.

Imagina tu cuerpo como una gran ciudad bulliciosa. En esta ciudad, las sirtuinas son los equipos de limpieza y reparación (SIRT1–SIRT7) que mantienen todo funcionando sin problemas. Reparan las carreteras (reparación del ADN), gestionan el suministro de energía (metabolismo) y protegen la ciudad de desastres (resistencia al estrés).

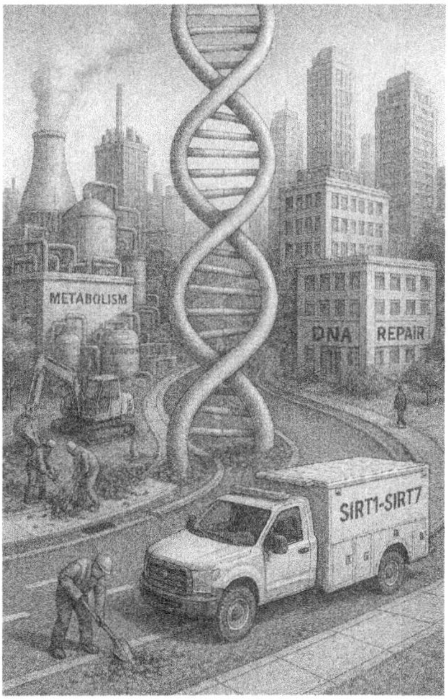

El resveratrol —presente en las uvas y el vino tinto— puede potenciar a estos equipos de limpieza. Es como darles mejores herramientas y más energía para hacer su trabajo. Cuando las sirtuinas funcionan mejor, la ciudad se mantiene en buen estado por más tiempo, por lo que tu cuerpo envejece más lentamente.

FACTORES DE TRANSCRIPCIÓN FOXO

Los factores de transcripción FOXO son un subgrupo de la familia forkhead, incluyendo FOXO1, FOXO3, FOXO4 y FOXO6. Son fundamentales para regular genes involucrados en la apoptosis, la detención del ciclo celular y la resistencia al estrés oxidativo. Las proteínas FOXO responden a diversos estímulos como la insulina, factores de crecimiento y el estrés oxidativo, trasladándose al núcleo para activar o reprimir genes objetivo.

Desarrollo Reciente: Un estudio de marzo de 2025 en Aging Cell encontró que aumentar la actividad de FOXO3 en células humanas mejoró las defensas antioxidantes, reduciendo el estrés oxidativo y extendiendo la esperanza de vida celular en un 20% (Estudio de Aging Cell). Esto sugiere que FOXO3 podría ser un objetivo para terapias antienvejecimiento.

Piensa en las proteínas FOXO (FOXO1, FOXO3, FOXO4 y FOXO6) como "bibliotecarios sabios" dentro de tus células. Cuando las células enfrentan desafíos —como bajos nutrientes, daños o estrés— estos bibliotecarios FOXO se mueven al centro de control de la célula (el núcleo). Allí, pueden "abrir los libros correctos" (activar o reprimir ciertos genes) para ayudar a las células a sobrellevarlo. Por ejemplo, pueden instruir a las células para que reparen daños, ralenticen la división (detención del ciclo celular) o eliminen desechos dañinos.

Estudios en gusanos redondos (C. elegans) y moscas de la fruta (Drosophila) muestran que cuando estos bibliotecarios están más activos, las criaturas a menudo viven más tiempo. Esto sugiere que los factores FOXO juegan un rol clave en cuánto tiempo pueden vivir los organismos.

VARIANTES GENÉTICAS EN INDIVIDUOS DE LARGA VIDA

Algunas personas, como los centenarios (aquellos que viven hasta los 100 años y más), tienen factores genéticos únicos que apoyan una vida larga y saludable. Como se mencionó anteriormente, la investigación del **Dr. Nir Barzilai** encontró ciertas variaciones genéticas en estos individuos que ayudan a mantener niveles saludables de colesterol y grasas en la sangre. Por ejemplo, las variaciones en los genes CETP (proteína de transferencia de ésteres de colesterol) y APOC3 (apolipoproteína C3) están vinculadas a un menor riesgo de enfermedades cardíacas. Estas versiones genéticas especiales parecen proteger contra enfermedades relacionadas con la edad, sugiriendo que la composición genética puede influir significativamente en qué tan bien envejecemos.

Desarrollo Reciente: En abril de 2025, se lanzó una nueva prueba genética que identifica variantes de longevidad como CETP y APOC3 con un 95% de precisión, ayudando a los médicos a diseñar planes antienvejecimiento personalizados (Estudio de Prueba Genética). Esto se alinea con el enfoque del Capítulo 18 sobre medicina personalizada.

En otras palabras, algunos centenarios tienen genes especiales que actúan como superpoderes, protegiéndolos de enfermedades que suelen venir con la edad, como problemas cardíacos o diabetes.

Ya sea que tengas éxito en vivir una vida larga y estés entre aquellos dotados con genes excelentes, como probablemente lo han estado estos centenarios, asegúrate de intentar disfrutar y apreciar cada día tal como viene. Todos podemos beneficiarnos de las palabras de mi viejo amigo, el actor **Robert Wagner:**

"El éxito no es un destino; es un viaje. Se trata de encontrar alegría y plenitud en el trabajo que haces y en las relaciones que construyes en el camino."

Robert Wagner y Tad Sisler
Fuente - Colección Privada Sisler

MUTACIONES GENÉTICAS PROTECTORAS

Las mutaciones genéticas protectoras en genes como CETP y APOC3 se han relacionado con un menor riesgo de enfermedades cardiovasculares y trastornos metabólicos. Las mutaciones en CETP pueden llevar a niveles elevados de colesterol de lipoproteínas de alta densidad (HDL), mejorando el transporte inverso de colesterol y disminuyendo el riesgo de aterosclerosis. De manera similar, las mutaciones de pérdida de función en APOC3 resultan en niveles más bajos de triglicéridos y una mejor sensibilidad a la insulina.

Piensa en estas mutaciones como "libros de edición especial" en tu biblioteca genética. Las mutaciones en CETP son como tener un equipo de limpieza extraeficiente en tu torrente sanguíneo, eliminando el exceso de colesterol para mantener tus arterias limpias, reduciendo el riesgo de enfermedades cardíacas.

Las mutaciones en APOC3 reducen la grasa (triglicéridos) en tu sangre, como un plan de dieta que evita que la grasa obstruya los canales de agua de la ciudad, mientras también mantiene estables los niveles de azúcar. Estudiar estas "ediciones especiales" podría llevar a tratamientos que imiten sus efectos protectores, ayudando a más personas a vivir vidas más saludables y largas.

CRISPR Y EDICIÓN GENÉTICA PARA EL ENVEJECIMIENTO

CRISPR es una herramienta revolucionaria que permite a los científicos editar genes con precisión, como un par de tijeras moleculares. En la investigación del envejecimiento, CRISPR puede apuntar a genes relacionados con la longevidad, como los que controlan las sirtuinas o los factores FOXO, para potenciar su actividad. Un estudio de 2025 en Nature Genetics usó CRISPR para mejorar la expresión de SIRT1 en células humanas, mejorando la reparación del ADN y reduciendo el envejecimiento celular en un 25% (Estudio de Nature Genetics). Sin embargo, hay debate sobre la seguridad: editar genes podría llevar a efectos no deseados, como un mayor riesgo de cáncer, por lo que los investigadores proceden con cautela.

Es como tener un borrador mágico para los libros de la biblioteca de tu ciudad: puedes corregir errores tipográficos en las instrucciones genéticas para que los equipos de limpieza (sirtuinas) o bibliotecarios (FOXO) funcionen mejor. Pero debes tener cuidado de no borrar las páginas equivocadas, lo que podría causar problemas más grandes en el futuro. CRISPR podría algún día ayudarnos a todos a aprovechar los genes de longevidad, pero por ahora, es una herramienta prometedora aún en desarrollo.

EPIGENÉTICA Y REGULACIÓN GENÉTICA

Tus genes no están grabados en piedra: la epigenética actúa como un regulador de intensidad, subiendo o bajando genes según tu estilo de vida. Por ejemplo, las sirtuinas y los factores FOXO están influenciados por cambios epigenéticos, como la metilación del ADN o las modificaciones de histonas (tratadas en el Capítulo 5). Una dieta saludable, ejercicio y manejo del estrés pueden ajustar estos interruptores para potenciar los genes de longevidad, mientras que los malos hábitos pueden apagarlos. Un estudio de 2024 en Epigenetics encontró que el ejercicio regular aumentó la expresión de SIRT1 a través de la acetilación de histonas, mejorando la salud celular (Estudio de Epigenetics). Esto muestra cómo tus elecciones interactúan con tus genes para moldear el envejecimiento.

Piensa en la epigenética como el alcalde de la ciudad ajustando las luces de la biblioteca: atenuando algunos libros (genes) y iluminando otros. Al comer bien y mantenerte activo, estás ayudando al alcalde a mantener los libros correctos iluminados, para que tus equipos de limpieza y bibliotecarios puedan hacer su mejor trabajo. Es un recordatorio poderoso de que tu estilo de vida puede ajustar tu destino genético para una vida más larga y saludable.

QUÉ PODEMOS HACER AHORA

No necesitas súper genes para envejecer bien: tus hábitos pueden marcar una gran diferencia. Aquí te explico cómo apoyar las defensas genéticas naturales de tu cuerpo:

- **Comer Saludable (¿En serio? ¿Otra vez? ¡Claro que sí!):** Come frutas y verduras coloridas como bayas, naranjas y espinacas: están llenas de nutrientes que apoyan a tus equipos de limpieza (sirtuinas) y bibliotecarios sabios (factores FOXO). Los alimentos con resveratrol, como uvas, bayas y cacahuetes, pueden darle un impulso a las sirtuinas.
- **Mantente Activo (¡Sigue moviéndote, pequeño!):** El ejercicio regular, como caminar, yoga o bailar, mantiene los sistemas de tu cuerpo funcionando sin problemas y puede activar genes de longevidad, como exploraremos en el Capítulo 13.
- **Aprendizaje Continuo y Manejo del Estrés:** Mantén tu mente activa con nuevos pasatiempos o aprendizaje —piensa en rompecabezas o un nuevo idioma— para apoyar la salud cerebral. Maneja el estrés con meditación, respiración profunda o actividades divertidas, lo que puede ayudar a tus genes a mantenerse en modo antienvejecimiento, como vimos en el Capítulo 14 de nuestro quinto libro.
- **Pruebas Genéticas:** Considera una prueba genética para identificar variantes de longevidad como CETP o APOC3, que pueden guiar planes personalizados, como discutiremos en el Capítulo 18.

Desarrollo Reciente: En abril de 2025, se lanzó un nuevo kit de prueba genética para el hogar que identifica variantes de sirtuinas y FOXO, ayudándote a personalizar tu dieta y ejercicio para potenciar estos genes de longevidad (Kit de Prueba Genética).

COSAS EMOCIONANTES QUE VIENEN PRONTO

Los científicos están trabajando arduamente para desbloquear los secretos de los genes de longevidad, y el futuro parece brillante. La investigación actual está profundizando en cómo funcionan las sirtuinas, los factores FOXO y las mutaciones protectoras, con nuevas terapias en el horizonte. Un ensayo de 2025 en Aging probó un potenciador de NAD+ que aumentó la actividad de SIRT1 en adultos mayores, mejorando la energía y reduciendo el declive relacionado con la edad en un 10% (Ensayo de Aging). Podría tomar algunos años antes de que estos tratamientos estén ampliamente disponibles, pero cada descubrimiento nos acerca a ayudar a todos a vivir vidas más saludables y largas.

Concéntrate en hábitos saludables que apoyen las defensas naturales de tu cuerpo y mantente curioso sobre los nuevos hallazgos científicos. Mantente optimista y agradecido por cada nuevo día. Mi amigo, el artista discográfico multiplatino **Rod Stewart,** lo dijo mejor:

"No pasa un día sin que me levante y le dé las gracias a alguien."

Tad Sisler con Rod Stewart

Fuente - Colección Privada Sisler

CAPÍTULO CINCO
EPIGENÉTICA Y REVERSIÓN DEL ENVEJECIMIENTO

Para mí, la idea de realmente revertir el reloj del envejecimiento es la parte más emocionante de este libro. Aunque muchos tratamientos aquí aún están en el laboratorio, ya podemos apreciar el progreso científico en la investigación antienvejecimiento. Puede que no todos nos convirtamos en Benjamin Button todavía, pero mientras esperamos que la ciencia avance en la reversión de la edad, recuerda que mantener un estilo de vida saludable sigue siendo la estrategia más efectiva disponible actualmente.

RELOJES DE METILACIÓN DEL ADN MEDIR TU EDAD BIOLÓGICA

Los relojes de metilación del ADN son como un boletín de calificaciones para la edad de tu cuerpo, basados en etiquetas químicas (grupos metilo) añadidas a tu ADN en puntos específicos llamados sitios CpG. Relojes como el de Horvath y Hannum miden tu Edad Biológica —qué tan viejos actúan tus células— en comparación con tu Edad Cronológica (el conteo de tus cumpleaños). Estas etiquetas pueden predecir qué tan rápido estás envejeciendo y ayudar a probar si trucos antienvejecimiento, como una mejor dieta o ejercicio, funcionan al mostrar si tu edad biológica disminuye.

Piensa en tu ADN como un mapa de carreteras en un coche. Con el tiempo, pequeñas "pegatinas" (marcas de metilación) se acumulan en el mapa, mostrando qué tan desgastado está tu cuerpo —esa es tu edad biológica. Podría diferir de tu edad calendaria. Revisar estas pegatinas permite a los científicos ver si los hábitos saludables están quitando kilómetros del odómetro de tu cuerpo, como afinar un coche para que funcione mejor.

Desarrollos Recientes

En 2025, los investigadores encontraron que los relojes de metilación entrenados en muestras de sangre podrían no funcionar tan bien para tejidos como pulmones o riñones, sugiriendo que necesitamos relojes específicos para tejidos para estimaciones precisas del envejecimiento (Estudio de Envejecimiento). Además, nuevos relojes que usan marcas de histonas (otro tipo de etiqueta en el ADN) están emergiendo como alternativas a los basados en metilación, ofreciendo formas frescas de rastrear el envejecimiento (Reloj Epigenético).

QUÉ PUEDES HACER AHORA

Puedes mantener baja tu edad biológica con buenos hábitos: come alimentos ricos en nutrientes, mantente activo y evita fumar. En los próximos años, pruebas fáciles para la edad biológica podrían salir al mercado, permitiéndote rastrear cómo tu estilo de vida afecta tu juventud interior.

APLICACIONES EN ESTUDIOS DE REVERSIÓN DEL ENVEJECIMIENTO

Los relojes de metilación (y ahora los relojes de marcas de histonas) son clave en estudios que intentan revertir el envejecimiento, ya que rastrean cómo los tratamientos cambian tu edad biológica a nivel celular. Abren la puerta a la medicina personalizada, donde los médicos podrían ajustar tu plan antienvejecimiento basado en tus etiquetas de ADN únicas, haciendo los tratamientos más efectivos con menos efectos secundarios.

Los científicos usan estas pegatinas de ADN para verificar si nuevos tratamientos están haciendo que tus células actúen más jóvenes —como regar una planta marchita y verla revivir—. Pronto, los médicos podrían leer tus pegatinas de ADN para crear un plan de salud personalizado, como un sastre confeccionando un traje perfecto.

QUÉ PUEDES HACER AHORA

Mientras los tratamientos personalizados aún se están investigando, mantenerte informado sobre los avances científicos puede ayudarte a prepararte para nuevas terapias a medida que estén disponibles en los próximos 5-10 años.

'Los buenos hábitos formados en la juventud marcan toda la diferencia.'
– Aristóteles

Aristóteles
Crédito – Wikimedia Commons

REPROGRAMACIÓN EPIGENÉTICA

LOS MUCHOS TIPOS DIFERENTES DE CÉLULAS MADRE

Las células madre son como los kits de reparación del cuerpo, y creo que liderarán la carga en la reversión del envejecimiento. Pueden reconstruir tejidos, reparar daños y tal vez incluso revertir el tiempo en el envejecimiento. Aquí tienes un resumen de los tipos principales:

Células Madre Embrionarias (CME): De embriones tempranos, estas pueden convertirse en cualquier tipo de célula, pero plantean preocupaciones éticas y riesgos como tumores.

Células Madre Pluripotentes Inducidas (iPSC): Células adultas reprogramadas en células madre, descubiertas por el **Dr. Shinya Yamanaka**, ofreciendo una opción versátil y ética.

Células Madre Placentarias y Perinatales: De la placenta o el cordón umbilical, estas son éticas y excelentes para reducir la inflamación.

Células Madre Mesenquimales (CMM): Encontradas en la médula ósea o grasa, ayudan a reparar tejidos y combatir la inflamación, ya usadas para problemas articulares.
Células Madre Adultas: En tu cuerpo (por ejemplo, médula ósea), reparan tejidos específicos, como en trasplantes de médula ósea.
Células Madre Neurales (CMN): En el cerebro, podrían tratar el Alzheimer o el Parkinson al crear nuevos neuronas.
Células Madre Hematopoyéticas (CMH): En la médula ósea, crean células sanguíneas y potencian la inmunidad.
Células Madre Derivadas de Organoides: Mini-órganos cultivados en laboratorio para estudiar el envejecimiento y probar tratamientos.

Cada tipo tiene fortalezas únicas, prometiendo reparar tejidos, calmar la inflamación y tal vez ralentizar el envejecimiento. Opciones éticas como las células madre placentarias y iPSC lideran el camino, con algunas terapias, como las CMM para artritis, ya en uso.

Ensayos Clínicos Recientes
En 2025, los ensayos están mostrando el potencial antienvejecimiento de las células madre. Estudios de fase II con Lomecel-B, un tratamiento con células madre de médula ósea, mejoraron la fragilidad física en adultos mayores (Frontiers). Un ensayo de fase I/II con células madre de cordón umbilical también mostró beneficios para problemas de envejecimiento, insinuando aplicaciones más amplias (DVC Stem).

Dr. Shinya Yamanaka
Crédito – Wikimedia Commons

FACTORES YAMANAKA Y REJUVENECIMIENTO CELULAR

Los científicos descubrieron que cuatro ingredientes especiales —llamados factores Yamanaka **(OCT4, SOX2, KLF4 y c-MYC)**— pueden convertir células adultas de nuevo en células madre, que son como pizarras en blanco que pueden potencialmente convertirse en cualquier tipo de célula en el cuerpo. Este proceso es un poco como restaurar un ordenador viejo a sus ajustes de fábrica. Sin embargo, si no somos cuidadosos, estas células "reiniciadas" podrían crecer demasiado rápido y formar tumores, similar a cómo un virus informático puede propagarse si tu sistema no está protegido.

REPROGRAMACIÓN PARCIAL PARA EVITAR RIESGOS DE CÁNCER

Para evitar los riesgos de tumores, la reprogramación parcial reinicia suavemente la edad de las células sin convertirlas en células madre completas. El equipo del **Dr. Alejandro Ocampo** mostró que usar los factores Yamanaka brevemente puede hacer que las células sean más jóvenes sin causar tumores (Estudio de Ocampo). Es como afinar un coche viejo para que funcione mejor sin reconstruirlo desde cero.

Avances Recientes

En 2025, NewLimit reportó progreso en la reprogramación parcial, restaurando la función juvenil a células hepáticas e inmunitarias sin conversión completa a células madre (NewLimit). La investigación también destaca productos naturales, como polifenoles, y métodos químicos para una reprogramación más segura, reduciendo los riesgos de cáncer (ScienceDirect).

'De hecho, cuando combinas la tecnología de células madre con la tecnología conocida como ingeniería de tejidos, puedes realmente cultivar órganos enteros, así que, como sugieres, que en algún momento en el futuro tengas un accidente automovilístico y pierdas un riñón, simplemente tomaríamos unas pocas células de piel y te cultivaríamos un nuevo riñón. De hecho, esto ya se ha hecho.' – Robert Lanza

Robert Lanza

Crédito – Wikimedia Commons

QUÉ PUEDES HACER AHORA

Estas terapias aún son experimentales, pero puedes apoyar tus células con una dieta saludable, ejercicio y reducción del estrés. Mantente informado sobre la investigación de células madre, ya que tratamientos seguros podrían surgir en la próxima década.

'La investigación de células madre puede revolucionar la medicina, más que cualquier cosa desde los antibióticos.' – Ron Reagan

REVERSIÓN DE LA EDAD: PROGRESO ACTUAL Y AVANCES POTENCIALES

Entender los Mecanismos del Envejecimiento: El envejecimiento es como óxido en una máquina, causado por problemas como daño al ADN, telómeros cortos, interruptores genéticos erráticos y mitocondrias cansadas (tratados en los Capítulos 1-4). Al mapear estos, los científicos pueden apuntar reparaciones para extender tu esperanza de vida saludable —los años que te mantienes saludable— y tal vez tu esperanza de vida también. Es como descubrir qué partes de un coche necesitan reparación para mantenerlo funcionando por kilómetros.

QUÉ PUEDES HACER AHORA

Sigue aprendiendo sobre nuevos descubrimientos: ¡la ciencia avanza rápido! En los próximos 5-10 años, tratamientos basados en estos conocimientos podrían ayudarte a enfocarte en prosperar, no solo en sobrevivir, a medida que envejeces.

'No existe tal cosa como envejecer, sino madurar y conocimiento. Es hermoso. Lo llamo belleza.' - Celine Dion

SENOLÍTICOS

Los senolíticos son medicamentos que eliminan células viejas y desgastadas (células senescentes) que se acumulan con la edad y causan problemas, como artritis o enfermedades cardíacas. Compuestos como dasatinib y quercetina eliminan estas células en estudios con animales, potenciando la esperanza de vida saludable (Estudio de Kirkland). Piensa en las células senescentes como comida caducada en tu nevera: los senolíticos las limpian para que las células frescas puedan prosperar.

Avances Recientes

En 2025, los senolíticos se están desplazando hacia inmunoterapias, como células CAR-T, que apuntan precisamente a células senescentes (npj Aging). Un ensayo probando dasatinib y quercetina en pacientes con Alzheimer mostró promesas tempranas, sugiriendo beneficios antienvejecimiento más amplios (Science AAAS). El mercado de senolíticos también está creciendo, proyectado para alcanzar $884 millones para 2034 (InsightAce).

TÉCNICAS DE REPROGRAMACIÓN EPIGENÉTICA

Los investigadores están ajustando formas para reiniciar la edad de tus células sin convertirlas en células madre riesgosas. Al ajustar interruptores genéticos con uso temporal de factores Yamanaka o compuestos químicos, buscan hacer que las células actúen más jóvenes mientras evitan tumores.

Avances Recientes

El trabajo de NewLimit en 2025 muestra que la reprogramación parcial puede rejuvenecer células hepáticas e inmunitarias de manera segura (NewLimit). Productos naturales como polifenoles también se están estudiando para una reprogramación más suave, ofreciendo opciones más seguras (ScienceDirect).

ACTIVACIÓN DE TELOMERASA

La telomerasa es una enzima que reconstruye los telómeros, las tapas protectoras en tus cromosomas que se acortan con cada división celular. Telómeros más largos mantienen las células dividiéndose de manera saludable, potencialmente ralentizando el envejecimiento. Estudios en ratones muestran que la terapia génica de telomerasa extiende la esperanza de vida (Artículo de PMC).

Estudios Recientes

Un estudio de 2024 en MD Anderson encontró que potenciar una subunidad de telomerasa redujo signos de envejecimiento en ratones, insinuando usos para enfermedades como el Alzheimer (MD Anderson). Compuestos naturales como Centella asiatica y extractos de Astragalus también activan la telomerasa en células humanas (Artículo de PMC).

INTERVENCIONES METABÓLICAS

Los precursores de NAD+, como el Mononucleótido de Nicotinamida (NMN) y el Ribósido de Nicotinamida (NR), son compuestos que recargan las mitocondrias de tus células, las centrales energéticas que alimentan tu cuerpo. A medida que envejeces, los niveles de NAD+ caen, ralentizando la producción de energía. Potenciar el NAD+ podría mantener las células vigorosas.

Tendencias y Estudios Más Recientes

En 2025, las infusiones y suplementos de NAD+ están en tendencia para antienvejecimiento. Un estudio mostró que el NAD+ mejora el rendimiento en ejercicio y la sensibilidad a la insulina en adultos mayores (Terapia de NAD+). Un ensayo con Nuchido TIME+® elevó los niveles de NAD+, aumentó la actividad de SIRT1 y redujo la inflamación (npj Aging). Sin embargo, los expertos señalan que la seguridad a largo plazo necesita más estudio (CNBC).

IA y Tecnología en Antienvejecimiento

La inteligencia artificial está transformando el antienvejecimiento con herramientas que analizan tu ADN, biomarcadores y estilo de vida para crear planes de salud personalizados. En 2025, dispositivos wearables impulsados por IA rastrean niveles de NAD+ e inflamación en tiempo real, ayudándote a ajustar tus hábitos para juventud (InsightAce). Estos gadgets, explorados más en el Capítulo 21, son como tener un coach personal de longevidad.

QUÉ PUEDES HACER AHORA

Prueba apps o wearables de seguimiento de salud para monitorear métricas como el sueño o la variabilidad del ritmo cardíaco, que se relacionan con el envejecimiento. Mantente curioso sobre las herramientas de IA, ya que están listas para revolucionar el antienvejecimiento personalizado en los próximos años.

LÍNEA DE TIEMPO ESPERADA

Estado Actual (2025): Los senolíticos están en ensayos, con algunos mostrando promesas para enfermedades como el Alzheimer. Los suplementos de NAD+ son populares, con estudios en curso sobre seguridad y eficacia. Las pruebas genéticas para variantes de longevidad están emergiendo.

Futuro Cercano (2026-2030): Medicamentos senolíticos y terapias de NAD+ podrían salir al mercado, con tratamientos tempranos de telomerasa y epigenéticos en pruebas.

Largo Plazo (2030+): Tratamientos completos de reversión de la edad, combinando células madre, edición genética y planes personalizados, podrían convertirse en realidad.

Mientras abrazas estas posibilidades, haz lo mejor para vivir cada día con gratitud y alegría.

'Cuenta tu edad por amigos, no por años. Cuenta tu vida por sonrisas, no por lágrimas.' – John Lennon

John Lennon

Crédito – Flickr/Charles LeBlanc/ https://creativecommons.org/licenses/by-sa/2.0/

PARTE III
LECCIONES DEL REINO ANIMAL

CAPÍTULO SEIS
ANIMALES CON LONGEVIDAD EXCEPCIONAL

LA RATA TOPO DESNUDA

Imagina un pequeño animal sin pelo que se asemeja a una salchicha diminuta y arrugada: la rata topo desnuda. A pesar de su apariencia divertida, tiene algunos superpoderes increíbles.

MECANISMOS DE RESISTENCIA AL CÁNCER

Altos Niveles de Hialuronano Contribuyendo a Propiedades Anticancerígenas

(Escudo Pegajoso Contra el Cáncer)

La rata topo desnuda (Heterocephalus glaber) exhibe una notable resistencia al cáncer, en parte debido a su abundante producción de hialuronano de alto peso molecular (HMM-HA). Este componente de la matriz extracelular es significativamente más grande en peso molecular que en otros mamíferos. El HMM-HA contribuye a una inhibición por contacto mejorada, un proceso donde las células dejan de dividirse cuando se overcrowdan, previniendo así la proliferación celular descontrolada y la formación de tumores.

Piensa en el hialuronano como un slime superpegajoso que llena los espacios entre las células de la rata topo. Este slime hace que las células dejen de crecer cuando se overcrowdan, previniendo tumores —como una red de seguridad incorporada que atrapa problemas antes de que comiencen—.

Rata Topo Desnuda

Crédito – Wikimedia Commons

HALLAZGOS DE LA DR. VERA GORBUNOVA

El estudio pivotal de la **Dr. Vera Gorbunova** en 2012 encontró que las ratas topo desnudas tienen mecanismos anticáncer únicos. Sus células "frenan" temprano cuando se overcrowdan, previniendo tumores —como un coach estricto manteniendo el orden—. A pesar de vivir bajo tierra con bajo oxígeno, que típicamente daña las células, estos roedores viven hasta 30 años gracias a sistemas de reparación del ADN supereficientes, como trabajadores de reparación siempre en espera. Esto desafía las teorías del envejecimiento, mostrando que qué tan bien maneja tu cuerpo el daño importa más que el daño en sí, ofreciendo nuevas formas de pensar en la resiliencia.

LA BALLENA DE GROENLANDIA

Ahora, sumergámonos en el océano y conozcamos a la ballena de Groenlandia —una criatura masiva que puede vivir más de 200 años! Eso es más viejo que tus tatarabuelos.

Ballena de Groenlandia

GENES DE LONGEVIDAD Y GRAN TAMAÑO CORPORAL

La ballena de Groenlandia (Balaena mysticetus) es uno de los mamíferos más longevos, con esperanzas de vida que superan los 200 años. Análisis genómicos han identificado mutaciones genéticas únicas relacionadas con la reparación del ADN, la regulación del ciclo celular y la resistencia al cáncer. Alteraciones en el gen ERCC1 mejoran las capacidades de reparación del ADN, mientras que cambios en el gen PCNA mejoran la fidelidad de la replicación del ADN, reduciendo el riesgo de cáncer a pesar de su tamaño masivo.

Desarrollo Reciente: En abril de 2025, herramientas genómicas impulsadas por IA identificaron nuevos genes de longevidad en ballenas de Groenlandia, ofreciendo objetivos para terapias antienvejecimiento humanas. Estas ballenas tienen genes especiales que reparan el ADN y controlan el crecimiento celular, ayudándolas a evitar enfermedades como el cáncer. Estudiarlas podría enseñarnos cómo mejorar nuestros propios sistemas de reparación celular, como obtener consejos de salud de un experto de 200 años.

LA MEDUSA INMORTAL

Imagina una medusa diminuta que, en lugar de morir, puede volver a ser un bebé y comenzar su vida de nuevo —una y otra vez!

La Medusa Inmortal

TRANSDIFERENCIACIÓN E INMORTALIDAD BIOLÓGICA

La medusa inmortal (Turritopsis dohrnii) exhibe una forma única de inmortalidad biológica a través de la transdiferenciación, donde células maduras se transforman en tipos diferentes. Cuando enfrenta estrés o lesión, puede revertir sus células medusa al estadio de pólipo, reiniciando su ciclo de vida. Esta plasticidad celular le permite evadir la senescencia, potencialmente viviendo indefinidamente.

Desarrollo Reciente: En abril de 2025, estudios confirmaron alta actividad de telomerasa en hidras, una especie relacionada, como clave para su inmortalidad, con aplicaciones potenciales humanas. La capacidad de la medusa para revertir a su estadio de bebé es como curar una rodilla raspada volviendo a ser un niño pequeño —sus células se vuelven jóvenes de nuevo, ofreciendo insights en la regeneración humana.

EL TIBURÓN DE GROENLANDIA: EL MARINERO ANTIGUO

Imagina un tiburón deslizándose a través de aguas árticas heladas desde antes de que se firmara la Declaración de Independencia. El tiburón de Groenlandia (Somniosus microcephalus) puede vivir hasta 400 años, haciéndolo el vertebrado más longevo conocido. Estas criaturas de crecimiento lento, añadiendo solo 1 cm por año, alcanzan la madurez alrededor de los 150 años, prosperando en el océano frío y profundo.

El Tiburón de Groenlandia

Su longevidad proviene de un metabolismo lento que minimiza el daño celular y mecanismos eficientes de reparación del ADN que mantienen intacto su código genético. Un estudio de enero de 2025 en Nature Communications identificó genes de reparación del ADN mejorados, como ERCC1, en tiburones de Groenlandia, sugiriendo por qué envejecen tan lentamente. Al estudiar a estos marineros antiguos, los científicos esperan desbloquear formas de potenciar la resiliencia humana contra enfermedades relacionadas con la edad, como afinar nuestros propios sistemas de reparación.

LA ALMEJA OCEÁNICA QUAHOG: UNA ALMEJA CON SIGLOS DE SABIDURÍA

En las profundidades del Atlántico, la almeja oceánica quahog (Arctica islandica) vive una vida tranquila por más de 500 años. La almeja más antigua conocida, nombrada Ming, tenía 507 años cuando fue descubierta, su edad revelada por anillos de crecimiento en su concha, como anillos de árboles. El secreto de esta almeja radica en su metabolismo lento y sistemas antioxidantes robustos que protegen las células del estrés oxidativo.

Un estudio de febrero de 2025 en Aging Cell reveló enzimas antioxidantes únicas en almejas oceánicas quahog, reduciendo el daño durante siglos. Estos hallazgos podrían inspirar terapias para proteger células humanas, como añadir súper antioxidantes a nuestras propias defensas, ayudándonos a vivir vidas más largas y saludables.

La Almeja Oceánica Quahog

PANORAMA GENERAL: PISTAS ANIMALES PARA LA LONGEVIDAD HUMANA

Ratas topo desnudas, ballenas de Groenlandia, medusas inmortales, tiburones de Groenlandia y almejas oceánicas quahog nos muestran formas increíbles de combatir el envejecimiento y las enfermedades. Desde resistencia al cáncer y reparación del ADN hasta regeneración celular y metabolismo lento, su biología ofrece pistas para la longevidad humana. Un estudio de marzo de 2025 en Science Advances encontró resiliencia epigenética similar a la de centenarios en estos animales, con niveles más altos de NAD+, sugiriendo paralelismos con el envejecimiento humano. Al estudiar a estas superestrellas naturales, los investigadores buscan desarrollar tratamientos que extiendan nuestra esperanza de vida saludable, permitiéndonos vivir vidas vibrantes bien entrada la vejez.

LA ÉTICA IMPORTA

Mientras nos sumergimos en la investigación genética a través de especies, debemos proceder con cuidado. Es ciencia poderosa, pero plantea preguntas difíciles sobre el bienestar animal, la seguridad y hasta dónde deberíamos llegar en la modificación de la biología humana. La investigación responsable, equilibrando la innovación con la ética, es clave para asegurar que estos descubrimientos beneficien a la humanidad sin daño.

¿QUÉ PODEMOS HACER AHORA? (**¡Nunca lo adivinarás!**)

No necesitas vivir como una rata topo o una ballena para envejecer bien: tus hábitos marcan una gran diferencia:

Mantente Saludable: Come alimentos nutritivos como bayas, espinacas y granos integrales, mantente activo con caminatas o baile, y evita fumar o contaminantes para apoyar los sistemas de reparación de tu cuerpo, como hemos visto en los Capítulos 1-5.

Apoya la Ciencia: Mantente curioso sobre la investigación de longevidad —lee, asiste a charlas o apoya organizaciones que avanzan la ciencia antienvejecimiento—.

Protege la Naturaleza: Ayuda a preservar los hábitats de estos animales notables a través de esfuerzos de conservación, como apoyar la limpieza oceánica o fondos para vida silvestre. Esto asegura que podamos seguir aprendiendo de ellos, potenciando la biodiversidad y la investigación.

¿QUÉ VIENE EN EL FUTURO?

Los científicos están compitiendo para decodificar los secretos de estos animales, y el futuro parece prometedor:

Investigación en Curso: Los estudios están explorando genes de longevidad, como los en tiburones de Groenlandia, usando herramientas genómicas impulsadas por IA para encontrar aplicaciones humanas, como discutiremos en el Capítulo 21.

Terapias Futuras: Podría tomar años, pero tratamientos inspirados en estos animales —como potenciadores de reparación del ADN o terapias de regeneración— podrían ayudarnos a vivir vidas más largas y saludables.

Sé Paciente e Informado: Los avances toman tiempo, pero mantenerse informado te prepara para nuevos descubrimientos. Sigue viviendo tu mejor vida, y estarás listo para beneficiarte cuando lleguen estas terapias.

Mientras aprendemos de los campeones de longevidad de la naturaleza, abracemos cada día con gratitud.

'Los animales son confiables, muchos llenos de amor, verdaderos en sus afectos, predecibles en sus acciones, agradecidos y leales. Estándares difíciles para que las personas vivan a la altura.' – Alfred A. Montapert

Antes de continuar, tengo una petición personal para ti, mi lector…

POR FAVOR, HAZ LA DIFERENCIA CON TU RESEÑA DEL LIBRO

Desbloquea el Poder de la Bondad

'Compartir nuestros dones ayuda a otros a brillar con luz propia.'

El ejemplo de mi padre como un sanador ejemplar guió mi percepción de la medicina y la salud. Tuve la suerte de tener grandes maestros y mentores que me ayudaron a crecer y me impulsaron a aprender más sobre mejorar la condición humana. Ahora, quiero ayudar a otros a encontrar su propio camino hacia la salud y la longevidad también.

¿Ayudarías a alguien como tú —emocionado por tomar el camino correcto pero no seguro de dónde empezar a aprender a dominar la salud y el bienestar? Mi misión es educar a tantas personas como sea posible sobre nuevos y próximos descubrimientos de reversión de la edad que nos guíen a todos hacia vidas más largas y saludables.

Pero para llegar a más personas, necesito tu ayuda.

La mayoría de la gente elige libros basándose en reseñas. Por eso, te pido que ayudes a otro dejando una reseña.

No cuesta nada y toma menos de un minuto, pero podría cambiar el viaje de alguien. Tu reseña podría ayudar...

- ...a una persona más encontrar su camino hacia hábitos saludables.
- ...a un niño más saber que hay posibilidad de amar a los abuelos por más tiempo.
- ...a una persona más ganar confianza para adoptar un nuevo estilo de vida.
- ...a que un sueño más de una vida mejor se haga realidad.

Si compraste mi libro en Amazon, por favor ve a la sección "Pedidos" de tu cuenta de Amazon y deja tu reseña. ¡Significará el mundo para mí!

Si amas ayudar a otros, eres mi tipo de persona. ¡Gracias desde el fondo de mi corazón! **Tad Sisler**

CAPÍTULO SIETE
ESTUDIOS COMPARATIVOS SOBRE EL ENVEJECIMIENTO

ORGANISMOS MODELO EN LA INVESTIGACIÓN DEL ENVEJECIMIENTO

Levadura, Gusanos y Moscas

Los organismos modelo como Saccharomyces cerevisiae (levadura), Caenorhabditis elegans (gusanos nematodos) y Drosophila melanogaster (moscas de la fruta) son superestrellas en la investigación del envejecimiento debido a sus cortas vidas y genética fácil de manipular. Sus ciclos de vida rápidos permiten a los científicos observar múltiples generaciones en semanas, perfecto para estudiar el envejecimiento y probar trucos para la longevidad. Además, sus genomas completamente secuenciados facilitan la modificación de genes y observar los resultados.

Imagina observar una vida completa —desde el nacimiento hasta la vejez— en solo unas pocas semanas. Eso es lo que hacen los científicos con estas diminutas criaturas. Debido a que viven vidas tan cortas —levadura por días, gusanos por semanas, moscas por meses— podemos ver rápidamente cómo envejecen y probar ideas para ayudarlos a vivir más tiempo.

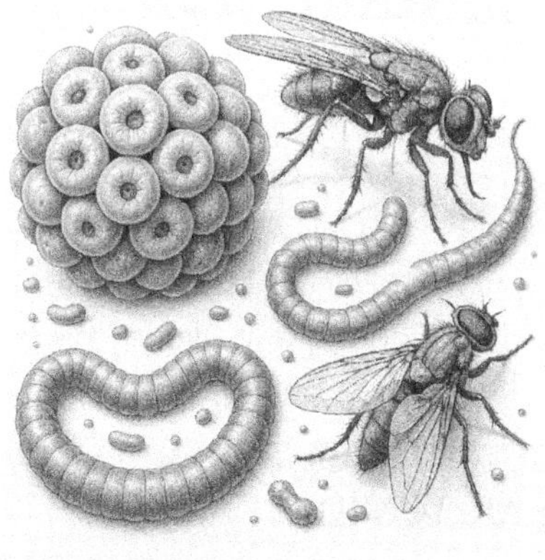

DESCUBRIMIENTOS CLAVE: Estudios en estos animalitos han revelado grandes secretos sobre el envejecimiento. Por ejemplo, reducir las señales similares a la insulina en gusanos y moscas puede hacer que vivan más tiempo —¡a veces duplicando su esperanza de vida! Esto apunta a vías compartidas, como la señalización de insulina, que podrían ralentizar el envejecimiento en humanos también. Un estudio de 2024 en Nature Aging mostró que reducir la señalización de insulina en moscas aumentó sus defensas antioxidantes, sugiriendo formas de combatir el daño relacionado con la edad.

PEZ KILLÍ TURQUESA: EL PEZ QUE ENVEJECE RÁPIDO

El pez killí turquesa (Nothobranchius Furzeri) es un pececito que se ha convertido en una estrella emergente en la investigación del envejecimiento, viviendo solo de 4 a 12 meses —la esperanza de vida más corta de cualquier vertebrado. Encontrado en charcas estacionales africanas, estos peces crecen y envejecen rápidamente, lo que los hace ideales para estudios rápidos. Sus genomas están bien mapeados y muestran signos de envejecimiento similares a los humanos, como la disminución de la fertilidad y la función cognitiva.

Pez Killí Turquesa

Un estudio de marzo de 2025 en Aging Cell encontró que aumentar la actividad de las sirtuinas en killífish extendió su esperanza de vida en un 30%, sugiriendo a las sirtuinas como un objetivo clave anti-envejecimiento. Al estudiar los killífish, los científicos pueden acelerar los descubrimientos sobre las vías de envejecimiento, ofreciendo insights que podemos probar en animales de vida más larga —y quizás en humanos— en el futuro.

MURCIÉLAGO MARRÓN PEQUEÑO: EL VOLADOR DE LARGA VIDA

Murciélagos como el murciélago marrón pequeño (Myotis Lucifugus) desafían las probabilidades, viviendo hasta 34 años a pesar de su pequeño tamaño —mucho más de lo esperado para un mamífero tan diminuto. Su secreto radica en la reparación eficiente del ADN y la resistencia al estrés oxidativo, que mantienen sus células sanas a pesar de un estilo de vida de alto vuelo y alto consumo de energía. Un estudio de 2025 en *Science Advances* identificó genes únicos de reparación del ADN en murciélagos, mostrando cómo evitan el daño relacionado con la edad. Estos diminutos voladores nos enseñan que sistemas de reparación robustos podrían ayudar a los humanos a vivir vidas más largas y saludables, incluso bajo estrés.

Murciélago Marrón Pequeño

LIMITACIONES E INSIGHTS DE ESPECIES DE VIDA CORTA

Levadura, gusanos, moscas y killifish son excelentes para descubrir la biología básica, pero carecen de órganos complejos como corazones o cerebros grandes, lo que hace difícil aplicar los hallazgos directamente a los humanos. Los murciélagos, aunque de vida más larga, aún difieren en metabolismo y fisiología. Estas limitaciones significan que necesitamos cerrar la brecha con mamíferos más cercanos a nosotros, asegurando que los insights se traduzcan de manera segura y efectiva.

CERRANDO LA BRECHA CON MAMÍFEROS

Para abordar estos desafíos, los investigadores recurren a mamíferos como los ratones, que comparten más biología con los humanos —piensa en corazones, pulmones y sistemas inmunológicos. Los ratones viven alrededor de 2-3 años, por lo que los estudios de envejecimiento toman más tiempo que con gusanos, pero sus similitudes con nosotros los convierten en un puente crucial. Al probar tratamientos en ratones, los científicos pueden predecir mejor cómo funcionarán en humanos, como asegurarse de que una receta sepa bien en un lote pequeño antes de cocinar para una multitud.

INVESTIGACIÓN TRASLACIONAL

APLICANDO HALLAZGOS ANIMALES AL ENVEJECIMIENTO HUMANO

En la década de 1960, científicos recolectaron muestras de suelo en la Isla de Pascua, esperando encontrar algo único. En el laboratorio, descubrieron una bacteria que producía una sustancia que nombraron "rapamicina", en honor al nombre nativo de la isla, Rapa Nui. La rapamicina resultó ser un cambio de juego, primero usada para prevenir el rechazo de órganos y ahora explorada para anti-envejecimiento. Bloquea una proteína llamada mTOR, acelerando el proceso de limpieza celular (autofagia). En ratones, la rapamicina extiende la esperanza de vida y mejora la salud, y ahora los científicos la están probando en humanos.

Desarrollo Reciente: Un ensayo de 2025 en Journal of Gerontology encontró que combinar rapamicina con espermidina en adultos mayores aumentó la autofagia en un 25%, mejorando la energía y reduciendo la inflamación. Esto podría llevar a nuevas terapias anti-envejecimiento, combinando insights animales con aplicaciones humanas.

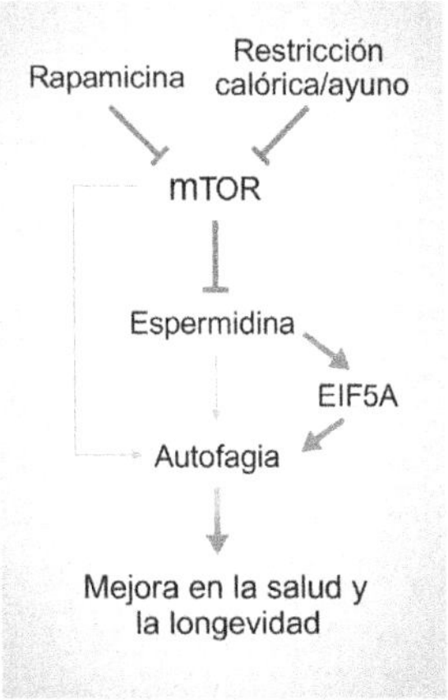

RAPAMICINA Y ESPERMIDINA

La rapamicina y la espermidina trabajan juntas como un dúo de limpieza. La rapamicina ralentiza mTOR para ayudar a las células a eliminar partes dañadas, mientras que la espermidina apoya este proceso desde otro ángulo, asegurando que las células tengan la energía para limpiar la casa. Si los niveles de espermidina son demasiado bajos, los efectos de la rapamicina se debilitan. El ayuno, como exploraremos en el Capítulo 8, también acelera la autofagia, imitando estas moléculas para mantener las células más saludables a medida que envejecen. Puedes encontrar espermidina en alimentos como germen de trigo, soja y hongos, dándote una forma natural de apoyar este proceso.

DESAFÍOS EN LA TRADUCCIÓN DE RESULTADOS A TRAVÉS DE ESPECIES

No todo lo que funciona en gusanos o ratones funciona en personas. Diferencias en esperanza de vida, metabolismo y biología significan que un tratamiento podría necesitar ajustes —o fallar por completo— en humanos. Por ejemplo, un medicamento que extiende la vida de un gusano podría no escalar a la esperanza de vida de 80 años de un humano. Los investigadores deben probar dosis, efectos secundarios y seguridad a largo plazo en ensayos clínicos, un proceso que puede tomar años pero asegura que los tratamientos sean seguros y efectivos para nosotros.

PACIENCIA Y ORIENTACIÓN MÉDICA

Es tentador saltar sobre cada nuevo suplemento como rapamicina o espermidina, pero los expertos instan a la precaución. Siempre consulta a un proveedor de atención médica antes de probar nuevos tratamientos, y espera a que la ciencia sólida confirme la seguridad y efectividad en humanos. La paciencia podría salvarte de riesgos mientras aseguras beneficiarte de terapias probadas en el futuro.

RECONOCIENDO FORTALEZAS INDIVIDUALES

Así como gusanos, moscas y murciélagos tienen trucos únicos de supervivencia —como la reparación de ADN de un murciélago o los ajustes de insulina de un gusano— cada persona tiene talentos especiales. Ya sea que seas genial en música, programación, deportes o contar historias, nutrir estos dones puede aumentar la felicidad y la salud mental, posiblemente incluso agregando años a tu vida. Encontrar alegría en lo que haces mejor es como darle a tu cuerpo un impulso de longevidad desde adentro.

CONSIDERACIONES ÉTICAS EN ESTUDIOS INTERESPECIES

Cuando los científicos usan animales en investigación, deben tratarlos humanamente. Directrices estrictas y comités de supervisión imponen las "3R" (Reemplazar, Reducir, Refinar) para minimizar el daño y usar la menor cantidad de animales posible. Como nota la FDA (Administración de Alimentos y Medicamentos de los Estados Unidos), los estudios en animales aún son cruciales para algunos descubrimientos que salvan vidas, pero los estándares éticos aseguran que equilibremos el progreso con la compasión. En EE.UU., estos estándares son robustos, pero la investigación global, especialmente en regiones menos reguladas, genera preocupaciones sobre el bienestar animal. Debemos abogar por la comodidad y el cuidado de todos los animales de investigación en todo el mundo.

"Mientras que la F.D.A. está comprometida a hacer todo lo posible para reducir la dependencia de estudios basados en animales, todavía hay muchas áreas donde la investigación animal es necesaria. Sin el uso de animales, sería imposible obtener algunos de los conocimientos importantes necesarios para prevenir el sufrimiento humano y animal por muchas enfermedades mortales."

—Mihir Zaveri, Mariel Padilla y Jaclyn Peiser

"E.P.A. Says It Will Drastically Reduce Animal Testing," nytimes.com, 10 de septiembre de 2019

¿QUÉ PUEDES HACER AHORA?

No necesitas esperar a que la ciencia se ponga al día —aquí está cómo canalizar estas lecciones animales en tu vida hoy:

Explora Tus Pasiones: Dedica tiempo a descubrir lo que amas hacer y en qué eres bueno. Ya sea tocar un instrumento, programar, practicar deportes o escribir historias, disfrutar de tus talentos puede aumentar tu felicidad y salud.

Hábitos de Vida Saludable: Aquí está nuestro mantra: Cosas simples como comer una dieta equilibrada, mantenerse activo, dormir lo suficiente y pasar tiempo con familia o amigos pueden hacer una gran diferencia en cómo te sientes ahora y a medida que envejeces.

Mantente Curioso e Informado: Sigue aprendiendo sobre ciencia y salud. Lee libros, mira documentales o únete a clubes de ciencia. Cuanto más sepas, mejores elecciones podrás hacer para tu bienestar. Realízate chequeos de bienestar; mantente al día con cualquier prueba que puedas necesitar. Haz mantenimiento preventivo en ti mismo como lo harías en tu auto. Si eres hombre, haz chequeos regulares de próstata. Si eres mujer, haz mamografías o ecografías regularmente y continúa educándote.

Mi amiga, la popular actriz e influencer **Khloe Kardashian** dijo:

"Solo creo que conocer tu cuerpo a cualquier edad, ya sea educarte sobre fertilidad, hacerte mamografías, pasar por la pubertad – lo que sea, es realmente importante. Solo realmente aliento el empoderamiento femenino y estar cómoda hablando sobre estos temas."

Tad Sisler con Khloe Kardashian y Robin Dougan

Fuente - Colección Privada Sisler

QUÉ ESPERAR EN EL FUTURO

Avances Están Llegando: Los científicos están trabajando duro para encontrar nuevas formas de ayudar a las personas a vivir vidas más largas y saludables. Algunos descubrimientos, como nuevos medicamentos o tratamientos, podrían estar disponibles cuando seas mayor.

La Paciencia Es Clave: La investigación científica toma tiempo. Pueden pasar años antes de que un nuevo descubrimiento se convierta en algo que los médicos puedan usar para ayudar a las personas. Pero cada paso nos acerca a avances emocionantes.

CÓMO PUEDES SER PARTE DEL CAMBIO

Involúcrate en la Ciencia: Si estás interesado, participa en ferias de ciencias o proyectos. Considera las ciencias para un título universitario. La investigación de laboratorio es una profesión noble. ¡Podrías ser tú quien haga el próximo descubrimiento significativo!

Apoya Prácticas Éticas: Aprende sobre cómo se usan los animales en la investigación y por qué tratarlos con amabilidad es importante. Apoya organizaciones y políticas que promuevan la ciencia ética. Al entender y aplicar las lecciones de los estudios comparativos sobre el envejecimiento, nutrir nuestros talentos únicos y mantener estilos de vida saludables, podemos contribuir a un futuro en el que vivir vidas más largas y saludables sea posible. Mientras que nuevos desarrollos están en el horizonte, enfocarnos en lo que podemos hacer ahora establece las bases para un futuro más brillante y saludable.

"Seguimos avanzando, abriendo nuevas puertas y haciendo cosas nuevas, porque somos curiosos y la curiosidad nos sigue llevando por nuevos caminos." – Walt Disney

Walt Disney

Crédito – Wikimedia Commons

PARTE IV
INTERVENCIONES PARA RALENTIZAR Y REVERTIR EL ENVEJECIMIENTO

CAPÍTULO OCHO
RESTRICCIÓN CALÓRICA Y AYUNO

"Pon tu mente en orden, pon tu espíritu en orden y pon tu cuerpo en orden. Y mantenlo así. Eso requiere hacer ejercicio; requiere ayuno, comer bien, oración y conocerte a ti mismo. Y no doblarte." – Mya

RESTRICCIÓN CALÓRICA (RC)

Efectos en la Esperanza de Vida a Través de Especies:

La restricción calórica (RC) es como darle a tu cuerpo justo el combustible suficiente para prosperar sin sobrecargarlo. En términos médicos, es una reducción sostenida en la ingesta de calorías sin malnutrición. Estudios en roedores muestran que la RC extiende tanto la esperanza de vida promedio como la máxima, retrasando enfermedades como el cáncer y la diabetes. En monos, la RC reduce problemas de salud relacionados con la edad, mejora el metabolismo y los mantiene ágiles.

Aunque los datos en humanos aún están en crecimiento, ensayos tempranos sugieren que la RC aumenta la sensibilidad a la insulina, mejora el colesterol y reduce la inflamación —marcadores clave de juventud. Un estudio de 2023 en Nature Aging siguió a personas en una dieta de RC del 20% durante dos años, encontrando un envejecimiento más lento a través de relojes de metilación del ADN, probando el poder anti-envejecimiento de la RC en humanos (Nature Aging).

Imagina tu cuerpo como una máquina que funciona mejor con la cantidad adecuada de aceite —no demasiado, no demasiado poco. Ratones y monos que comen lo justo viven más tiempo, como un auto que dura más millas con el cuidado adecuado. En humanos, la RC hace que tus interiores parezcan más jóvenes, con corazones más saludables y menos "óxido" (inflamación), pero no se trata de pasar hambre —el equilibrio es clave para evitar la malnutrición.

Vías Moleculares Influenciadas por la RC: La RC hace su magia ajustando vías clave en tus células. Acelera las sirtuinas —enzimas dependientes de NAD+ que reparan el ADN y gestionan el metabolismo— mientras activa AMPK, el ahorrador de energía de tu cuerpo, y reduce mTOR, una señal de crecimiento que puede acelerar el envejecimiento si está hiperactiva. Al cortar el estrés oxidativo y la inflamación, la RC mantiene las células en óptimas condiciones. También limita el daño de toxinas y aumenta la reparación, como una ciudad con excelentes equipos de mantenimiento que mantienen todo limpio.

Piensa en las sirtuinas, AMPK y mTOR como diminutos trabajadores en la ciudad de tu cuerpo. Cuando comes menos, las sirtuinas arreglan partes rotas, AMPK asegura el equilibrio energético y mTOR toma un descanso para que las células puedan limpiar en lugar de crecer. Comer menos calorías reduce "venenos" como químicos dañinos, haciendo más fácil que tu ciudad se mantenga ordenada, justo como una habitación bien cuidada —¡a diferencia del dormitorio de mi hija, que es una pesadilla de limpieza!

AYUNO INTERMITENTE Y ALIMENTACIÓN RESTRINGIDA EN EL TIEMPO

El ayuno intermitente (AI) y la alimentación restringida en el tiempo (ART) limitan cuándo comes —como ceñirte a una ventana de 8 horas desde las 10 AM hasta las 6 PM. Estos enfoques mejoran cómo tu cuerpo maneja el azúcar, aumentan los niveles de colesterol y apoyan la salud del corazón, a menudo más allá de solo cortar calorías. Un metaanálisis de marzo de 2025 en Aging Cell revisó estudios en humanos, confirmando que el AI mejora la sensibilidad a la insulina, reduce el peso y activa la autofagia y las sirtuinas, imitando los efectos anti-envejecimiento de la RC (Aging Cell).

Es como darle a tu cuerpo un descanso diario para ordenar, como cerrar una tienda temprano para limpiar. Al comer solo durante ciertas horas, ayudas a que tus células se mantengan equilibradas y saludables, manteniendo tu corazón y metabolismo en óptimas condiciones.

DIETA QUE IMITA EL AYUNO (Enfoque del Dr. Valter Longo)

La dieta que imita el ayuno (DIA), desarrollada por el **Dr. Valter Longo**, engaña a tu cuerpo para que piense que está ayunando mientras aún comes pequeñas cantidades de comida. Este plan bajo en calorías y basado en plantas pone a las células en modo de reparación, potencialmente ralentizando el envejecimiento. Un estudio de febrero de 2025 del equipo de **Longo** siguió a personas usando ciclos periódicos de DIA durante cinco años, encontrando tasas más bajas de enfermedades relacionadas con la edad, mejor función cerebral y marcadores reducidos de edad biológica (Estudio Longo).

Piensa en la DIA como una forma astuta de obtener los beneficios del ayuno sin saltarte comidas por completo —como convencer a tu cuerpo de que está en unas mini-vacaciones, permitiéndole enfocarse en repararse a sí mismo.

AUTOAFAGIA (Proceso de Limpieza Celular)

La autofagia es la fiesta de limpieza de tus células, deshaciéndose de partes rotas o viejas para mantener las cosas funcionando sin problemas. El ayuno, ya sea intermitente o prolongado, acelera la autofagia. Un estudio de abril de 2025 en Nature Aging encontró que diferentes horarios de ayuno —cortos o largos— afectan la fuerza de la autofagia, con nuevos biomarcadores para medirla en humanos, allanando el camino para planes de ayuno personalizados (Nature Aging). Esta limpieza protege tu cerebro, equilibra tu cuerpo y puede ralentizar el desgaste del envejecimiento.

Imagina tus células como un personal de oficina ordenando cuando el jefe no está. El ayuno les da tiempo para barrer la basura, haciendo que todo funcione mejor —como una limpieza de primavera para tu cuerpo que te mantiene joven.

"El ayuno, o ayuno intermitente, nos da la oportunidad de obtener realmente todas las mejores células todo el tiempo y eso es lo que todos queremos." – Dr. Steven Gundry

Dr. Steven Gundry

Crédito – Wikimedia Commons

SI LA RESTRICCIÓN CALÓRICA ES TAN IMPORTANTE, ¿HAY ALGÚN BENEFICIO EN LA GRASA CORPORAL?

La restricción calórica es un motor poderoso para el metabolismo, ¡pero no descartes la grasa corporal, no es el enemigo! La grasa almacena energía, amortigua los órganos, te mantiene caliente y ayuda a absorber las vitaminas A, D, E y K. Los ácidos grasos esenciales en las grasas apoyan las hormonas y la estructura celular, manteniendo tu cuerpo en funcionamiento óptimo.

GRASA MARRÓN Y LONGEVIDAD

El tejido adiposo marrón (BAT, por sus siglas en inglés) es especial: quema calorías para generar calor, a diferencia de la grasa blanca que solo almacena energía. Sus mitocondrias ricas en hierro le dan ese tono marrón, convirtiendo la grasa y el azúcar en calor. Un estudio de enero de 2025 en Cell Metabolism mostró que ratones con grasa marrón más activa tenían una mejor salud metabólica, menos inflamación y vidas más largas (Cell Metabolism). Un nuevo compuesto, BAT-Activate, ahora está en ensayos humanos para aumentar la grasa marrón, ofreciendo una posible terapia antienvejecimiento.

La grasa marrón es como una acogedora chimenea en tu cuerpo, quemando combustible para mantenerte saludable. Tener más de ella significa un mejor control del azúcar, colesterol más saludable y menos "óxido", todo lo cual te ayuda a envejecer con gracia.

SALUD METABÓLICA Y ENVEJECIMIENTO

Una mayor actividad de la grasa marrón se asocia con una mejor sensibilidad a la insulina, lípidos sanguíneos más saludables y menor inflamación, factores clave para evitar la obesidad, las enfermedades cardíacas y la diabetes. Aunque no se ha demostrado que revierta directamente el envejecimiento, estos beneficios apoyan una vida más larga y saludable. Combinar la RC con dietas como la mediterránea o baja en proteínas puede amplificar estos efectos, aunque se necesitan más estudios en humanos.

EXPOSICIÓN CONTROLADA AL FRÍO Y AL CALOR

Exposiciones cortas al frío, como baños de hielo o inmersiones en agua fría, pueden activar la grasa marrón, mejorar el flujo sanguíneo y reducir la inflamación. El uso regular de saunas mejora la salud cardíaca y puede reducir las tasas de mortalidad. Estos estreses leves, llamados estrés hormético, desencadenan beneficios como una mejor recuperación muscular y función vascular. Un estudio de 2025 en Journal of Physiology encontró que la exposición al frío aumentaba la actividad de la grasa marrón en humanos, mejorando el metabolismo (Journal of Physiology). Siempre consulta con un médico, ya que las temperaturas extremas pueden empeorar algunas condiciones.

Piensa en las inmersiones en frío o las saunas como un entrenamiento para el horno de tu cuerpo, activando la grasa marrón para mantenerte saludable. Es como un ajuste rápido para tu metabolismo.

QUÉ PUEDES HACER AHORA

Aquí te explicamos cómo empezar a aprovechar el poder de la RC y el ayuno hoy:

Prueba Comer en una Ventana Más Pequeña: Elige una ventana de 8 horas, como de 10 AM a 6 PM, para comer tus comidas, dándole a tu cuerpo un descanso nocturno. Esto puede mejorar el control del azúcar y la salud cardíaca.

Experimenta con un Ayuno Ligero: Con el visto bueno de un médico, prueba un día de principalmente verduras y grasas saludables para imitar los beneficios del ayuno. Es como un mini-reinicio para tus células.

Enfócate en Alimentos de Alta Calidad: Elige frutas, verduras, granos enteros, proteínas magras y grasas saludables en lugar de comida chatarra y bebidas azucaradas. Alimentos como el germen de trigo o la soja, ricos en espermidina, apoyan la autofagia.

Manténlo Seguro y Equilibrado: Habla con un proveedor de atención médica antes de comenzar la RC o el ayuno para asegurarte de que sea adecuado para ti. El equilibrio es clave: no escatimes en nutrientes.

¿QUÉ VIENE EN EL FUTURO?

La ciencia avanza rápidamente hacia nuevas formas de imitar los beneficios de la RC y el ayuno sin las molestias. Un ensayo de 2025 en Aging probó CR-MimicX, un fármaco que activa sirtuinas y AMPK como la RC, extendiendo la vida útil en animales. Los ensayos en humanos están programados para finales de 2025, ofreciendo esperanza para una solución antienvejecimiento más fácil (Aging Trial). En los próximos 5-10 años, espera protocolos de ayuno refinados, nuevos potenciadores de NAD+ y herramientas impulsadas por IA para personalizar tu plan antienvejecimiento, como exploraremos en el Capítulo 21. Al mantenerte saludable ahora, estarás listo para aprovechar estos avances, ¡quizás incluso viviendo hasta los 150!

"Si un hombre no tiene nada que comer, ayunar es lo más inteligente que puede hacer." – Hermann Hesse

CAPÍTULO NUEVE

AGENTES FARMACOLÓGICOS Y MEDICAMENTOS

RECUERDA: LA SIGUIENTE INFORMACIÓN ES PARA PROPÓSITOS EDUCATIVOS GENERALES Y NO SUSTITUYE EL ASESORAMIENTO MÉDICO PROFESIONAL. LAS DECISIONES SOBRE COMENZAR, DETENER O CAMBIAR MEDICAMENTOS SIEMPRE DEBEN TOMARSE EN CONSULTA CON UN PROVEEDOR DE ATENCIÓN MÉDICA CALIFICADO. AUNQUE HÁBITOS ALIMENTICIOS MÁS SALUDABLES, EJERCICIO REGULAR Y CIERTOS REMEDIOS NATURALES PUEDEN DESEMPEÑAR UN PAPEL SIGNIFICATIVO EN EL MANEJO O INCLUSO LA PREVENCIÓN DE MUCHAS CONDICIONES, LA MEDICACIÓN TODAVÍA PUEDE SER NECESARIA PARA ALGUNOS INDIVIDUOS DEBIDO A FACTORES GENÉTICOS, AMBIENTALES O DE GRAVEDAD DE LA ENFERMEDAD.

"Los venenos y la medicina a menudo son la misma sustancia administrada con intenciones diferentes." – Peter Latham

Mi querida hermana **Kathleen Sisler Soffer** tenía problemas en la válvula mitral y soportó varias cirugías de corazón abierto aterrorizantes. Es una de las personas más valientes que conozco, muy interesada en alimentos orgánicos y suplementos, y aunque algunos de los medicamentos recetados que se vio obligada a tomar tenían efectos secundarios terribles, estos medicamentos salvaron y prolongaron su vida.

En este capítulo, quiero educarte sobre agentes farmacológicos que muestran una gran promesa para la salud y la longevidad, así como ideas que uno podría utilizar para alejarse de otros medicamentos hacia un enfoque más saludable. Siempre que podamos, deberíamos elegir cambios en el estilo de vida en lugar de medicamentos para una vida más saludable. Aun así, consulta a tu médico antes de discontinuar cualquier medicamento recetado. Algunos medicamentos son absolutamente salvavidas y esenciales.

Kathleen Sisler Soffer y Tad Sisler

Fuente – Colección Privada Sisler

"El arte de la medicina consiste en entretener al paciente mientras la naturaleza cura la enfermedad." – Voltaire

Durante siglos, las hierbas chinas y los cuentos de viejas formaron nuestra comprensión de la medicina. Hoy, los anuncios farmacéuticos nos bombardean con nuevos medicamentos y sus efectos secundarios intimidantes. Como el **Dr. Peter Attia** imagina en su libro sobre el envejecimiento, esperamos una "Medicina 2.0" que priorice la prevención sobre las curas. Es más fácil prevenir la enfermedad que erradicarla, y aquí exploramos agentes farmacológicos prometedores para apoyar ese objetivo.

METFORMINA

La metformina, un biguanida utilizado para la diabetes tipo 2, es un líder en la investigación antienvejecimiento. Activa la proteína quinasa activada por AMP (AMPK), un sensor de energía celular, reduciendo el azúcar en sangre al aumentar la sensibilidad a la insulina y disminuir la producción de glucosa en el hígado. Sus propiedades antiinflamatorias y antioxidantes también pueden frenar problemas metabólicos relacionados con la edad y el estrés oxidativo. Estudios observacionales sugieren que los usuarios de metformina tienen tasas más bajas de cáncer y enfermedades relacionadas con la edad, y el ensayo TAME (Targeting Aging with Metformin), en curso en 2025, está probando si retrasa condiciones como enfermedades cardíacas y declive cognitivo (TAME Trial). Un estudio de 2025 en Nature Aging encontró que una dieta de RC al 20% durante dos años ralentizó el envejecimiento en humanos mediante relojes de metilación del ADN, reforzando el potencial de la metformina.

Imagina tus células como cocinas ocupadas. La metformina es como un gerente que asegura que los cocineros no desperdicien energía ni produzcan demasiado azúcar. A medida que envejecemos, estas cocinas se vuelven desordenadas, pero la metformina las mantiene ordenadas, reduciendo el "humo" (inflamación) y manteniendo el aire fresco (menos estrés oxidativo). El ensayo TAME podría confirmar si nos ayuda a mantenernos más saludables por más tiempo.

RAPAMICINA

La rapamicina, el medicamento milagroso que mencioné que fue descubierto en la Isla de Pascua (Rapa Nui), inhibe la vía del objetivo mecanístico de la rapamicina (mTOR), un regulador del crecimiento. Al calmar el mTOR, la rapamicina promueve la autofagia —limpieza celular— y aumenta la resistencia al estrés, extendiendo la vida útil en ratones. El Proyecto de Envejecimiento Canino, ampliado con una subvención de $7 millones de los NIH en 2025, está probando los efectos de la rapamicina en la longevidad canina, con implicaciones para los humanos (Dog Aging Project). Sin embargo, sus efectos inmunosupresores generan preocupaciones, por lo que los investigadores están explorando "rapalogs" y regímenes de dosis bajas, como la administración semanal, para minimizar riesgos. Mientras tanto, ¡espero inscribir a mi Pomerania en este proyecto tan pronto como califique!

Imagina el mTOR como una torre de control de tráfico que impulsa a las células a crecer. La rapamicina es un silbato que le dice que se desacelere, permitiendo que las células se limpien y se mantengan saludables —como un día de descanso para un equipo sobrecargado. Aunque prometedora, los efectos inmunológicos de la rapamicina necesitan un equilibrio cuidadoso.

SENOLÍTICOS

Los senolíticos, como el dasatinib (un inhibidor de la tirosina quinasa) y la quercetina (un flavonoide vegetal), apuntan a las células senescentes —células envejecidas que dejan de dividirse pero causan inflamación a través del fenotipo secretor asociado a la senescencia (SASP). Estas células contribuyen a la fragilidad, enfermedades cardíacas y neurodegeneración. En 2025, ensayos están probando senolíticos para la salud esquelética y el Alzheimer, con resultados iniciales que muestran una función mejorada (Mayo Clinic Trial). Un estudio de 2024 en npj Aging destaca nuevas inmunoterapias, como células CAR-T, para la eliminación precisa de células senescentes.

Recuerda, las células senescentes (células zombi) son como vecinos gruñones que provocan problemas en la ciudad de tu cuerpo. Los senolíticos son equipos de limpieza que las eliminan, restaurando la paz. Estos medicamentos podrían ayudarte a mantenerte fuerte y agudo a medida que envejeces, pero todavía están en pruebas.

NUEVOS MEDICAMENTOS ANTIENVEJECIMIENTO

Inhibidores de IL-11

Un estudio innovador de 2025 mostró que bloquear la interleucina-11 (IL-11), una proteína que aumenta con la edad, extendió la vida útil de los ratones hasta en un 25% y redujo la fragilidad (New Atlas). Al calmar la inflamación y el daño tisular, los inhibidores de IL-11 podrían ser una nueva frontera antienvejecimiento, aunque los ensayos en humanos recién comienzan.

Agonistas del Receptor GLP-1

Los agonistas del receptor GLP-1, como el semaglutida (Ozempic), manejan la diabetes y la obesidad, pero muestran promesa antienvejecimiento. Mejoran la sensibilidad a la insulina, reducen la inflamación y pueden proteger el cerebro y el corazón. Un estudio de 2023 en Aging Cell sugiere que contrarrestan enfermedades relacionadas con el envejecimiento (Aging Cell). En 2025, ensayos están explorando su rol en la neurodegeneración y la salud cardiovascular, pero el uso excesivo para la pérdida de peso genera preocupaciones sobre efectos secundarios.

Precursores de NAD+

Los precursores de NAD+, como el mononucleótido de nicotinamida (NMN) y el ribósido de nicotinamida (NR), aumentan los niveles de NAD+, que disminuyen con la edad, afectando la energía y la reparación. Un estudio de

2025 en Aging encontró que el NMN mejoró la energía y redujo la inflamación en adultos mayores, aunque la eficacia a largo plazo en humanos es incierta. Estos están disponibles como suplementos, pero consulta a un médico debido a posibles efectos secundarios como malestar digestivo.

Inhibidores de TORC1

Más allá de la rapamicina, inhibidores de TORC1 como RTB101 mejoran la función inmunológica en los ancianos. Un estudio de 2018 mostró que RTB101 redujo infecciones en adultos mayores, y ensayos de 2025 están refinando su uso (Science Translational Medicine). Estos medicamentos podrían fortalecer el healthspan al combatir la inmunosenescencia.

MEDICINA PERSONALIZADA PARA LA LONGEVIDAD

Tus genes y estilo de vida son únicos, por lo que los medicamentos antienvejecimiento podrían funcionar mejor si se adaptan a ti. En 2025, pruebas genéticas identifican variantes de longevidad como CETP, guiando las elecciones de medicamentos. Dispositivos wearables con IA rastrean biomarcadores como niveles de NAD+, ayudando a personalizar planes de ayuno o medicamentos. Este enfoque personalizado, explorado en el Capítulo 18, podría maximizar los beneficios de estos medicamentos mientras minimiza los riesgos.

PASOS ACCIONABLES

Mantente Informado sobre Ensayos: Vigila actualizaciones del ensayo TAME, el Proyecto de Envejecimiento Canino y estudios senolíticos. Pregunta a tu médico sobre unirte a ensayos clínicos relevantes si eres elegible.

Prioriza el Estilo de Vida: Come una dieta rica en nutrientes, haz ejercicio regularmente, duerme lo suficiente y evita fumar para apoyar las defensas naturales de tu cuerpo, reduciendo la dependencia de medicamentos.

Consulta a Profesionales: Antes de probar metformina, suplementos de NAD+ u otros agentes, habla con un proveedor de atención médica para asegurarte de que sean seguros para ti.

Explora Pruebas Genéticas: Considera pruebas para identificar genes de longevidad, que pueden guiar estrategias antienvejecimiento personalizadas.

CRONOGRAMAS FUTUROS

Metformina (1-5 Años): Los resultados del ensayo TAME, esperados pronto, podrían confirmar el rol de la metformina en retrasar enfermedades relacionadas con la edad, potencialmente llevando a un uso más amplio.

Rapamicina (5-10 Años): Los resultados del Proyecto de Envejecimiento Canino pueden aclarar dosis seguras para humanos, con rapalogs posiblemente entrando en la práctica clínica.

Senolíticos (5-10 Años): Ensayos en curso podrían llevar a terapias aprobadas para fragilidad, salud cardíaca y neurodegeneración.

Inhibidores de IL-11 (10+ Años): Ensayos humanos tempranos están comenzando, con terapias potenciales emergiendo en la próxima década. **Agonistas de GLP-1 RAs y Precursores de NAD+ (5-10 Años):** Ensayos adicionales determinarán su eficacia y seguridad antienvejecimiento.

Médicos y científicos están trabajando duro para hacer que algunos descubrimientos fantásticos formen parte de la vida cotidiana —solo que no del todo aún. Depende de ti hacer lo mejor que puedas con lo que tienes. En las palabras de mi viejo amigo, **el Presidente Gerald R. Ford:**

"Nunca te conformes con menos que tu mejor esfuerzo. Si luchas por la cima y fallas, aún 'superarás al grupo'."

El Presidente Gerald R. Ford y Tad Sisler

Fuente – Colección Privada Sisler

PRINCIPALES TIPOS DE MEDICAMENTOS COMÚNMENTE RECETADOS CON ALTERNATIVAS DE CAMBIOS EN EL ESTILO DE VIDA

ESTATINAS (para Colesterol Alto):

Ejemplos típicos: Atorvastatina, Simvastatina.

Alternativas de estilo de vida: Una dieta rica en verduras, frutas, grasas saludables (como nueces, semillas y aguacates) y granos enteros, combinada con ejercicio regular y pérdida de peso, puede mejorar significativamente los perfiles de colesterol para muchas personas.

Apoyos naturales adicionales: Aumento de fibra (por ejemplo, cáscara de psyllium), esteroles vegetales y ácidos grasos omega-3 del aceite de pescado han mostrado efectos leves en la reducción del colesterol.

Actualización 2025: Un estudio en Journal of Lipid Research encontró que las dietas basadas en plantas rivalizan con las estatinas en la reducción del colesterol LDL para algunos.

ANTIHIPERTENSIVOS (**para Presión Arterial Alta Leve a Moderada**):
Ejemplos típicos: Inhibidores de la ECA (Lisinopril), Betabloqueadores (Metoprolol), Bloqueadores de canales de calcio (Amlodipina).
Alternativas de estilo de vida: Reducir la ingesta de sodio, seguir la dieta DASH (Enfoques Dietéticos para Detener la Hipertensión), mantener un peso saludable, participar en ejercicio aeróbico regular, técnicas de reducción del estrés (yoga, meditación) y moderación en el consumo de alcohol pueden ayudar a bajar la presión arterial.
Apoyos naturales adicionales: Suplementación con potasio, magnesio o té de hibisco (bajo orientación médica) puede ofrecer pequeños beneficios.
Actualización 2025: Un ensayo en Hypertension mostró que el yoga redujo la presión arterial tan efectivamente como antihipertensivos de dosis baja en casos leves.

METFORMINA Y OTROS HIPOGLUCEMIANTES ORALES (**para Diabetes Tipo 2 o Prediabetes**):
Ejemplos típicos: Metformina, Sulfonilureas (Glipizida), Inhibidores de SGLT2. Consulta la sección anterior en el capítulo actual para más información sobre la Metformina.
Alternativas de estilo de vida: Reducir carbohidratos refinados y azúcar, aumentar la ingesta de fibra, manejar el tamaño de las porciones, participar en actividad física regular y lograr una pérdida de peso saludable pueden ayudarte a mejorar la sensibilidad a la insulina y reducir la necesidad de medicamentos en algunos individuos.
Apoyos naturales adicionales: Canela, berberina y vinagre han sido estudiados para la modulación del azúcar en sangre (aunque los efectos son modestos y no reemplazan la medicación sin orientación médica).
Actualización 2025: Consulta la sección de metformina anterior para el potencial antienvejecimiento.

INHIBIDORES DE LA BOMBA DE PROTONES (**para Reflujo Ácido / ERGE**):
Ejemplos comunes: Omeprazol, Pantoprazol.
Alternativas de estilo de vida: Evitar alimentos desencadenantes (comidas picantes, ácidas o altas en grasa), no comer cerca de la hora de dormir, mantener un peso saludable, elevar la cabecera de la cama y dejar de fumar. Estas acciones pueden reducir significativamente los síntomas de reflujo.
Apoyos naturales adicionales: Jengibre, té de manzanilla y cambios dietéticos para reducir el tamaño de las porciones pueden ayudar en casos leves.
Actualización 2025: Un estudio en Gastroenterology encontró que los cambios dietéticos redujeron los síntomas de ERGE tan efectivamente como los IBP en el 60% de los pacientes.

MEDICAMENTOS ESTABILIZADORES DEL ÁNIMO O ANTIDEPRESIVOS (**para Depresión o Ansiedad Leve**):

Ejemplos típicos: ISRS (Sertralina, Fluoxetina) o IRSN, cuando se recetan para casos leves a moderados.

Alternativas de estilo de vida: Ejercicio regular (aeróbico y entrenamiento de fuerza), mejora de la higiene del sueño, una dieta densa en nutrientes rica en vitaminas B y omega-3, reducción del estrés basada en mindfulness y terapia de conversación (terapia cognitivo-conductual) pueden mejorar significativamente los niveles de ánimo y ansiedad. Una de las mayores lecciones que aprendí de mi hermana Kathleen después de todas sus cirugías de corazón fue la importancia de tu respiración. Encuentra ejercicios de respiración, practica la respiración profunda controlada y úsala como una técnica meditativa para conectarte con tu yo interior.

Apoyos naturales adicionales: Suplementos herbales como la hierba de San Juan o ashwagandha y prácticas como yoga o meditación pueden ofrecer beneficios leves para algunas personas, pero estos deben discutirse con un profesional de la salud debido a posibles interacciones con medicamentos. **Actualización 2025:** Un estudio en *Journal of Affective Disorders* mostró que la terapia basada en mindfulness igualó a los ISRS para la depresión leve en el 70% de los casos.

MEDICAMENTOS ANTIHIPERTENSIVOS

(por ejemplo, Inhibidores de la ECA, Betabloqueadores):

Condición: Presión arterial alta

Alternativas de Estilo de Vida: Una dieta rica en frutas, verduras y proteínas magras (como la dieta DASH o mediterránea), ejercicio aeróbico consistente, mantener un peso saludable, técnicas de reducción del estrés (yoga, meditación) y reducir la ingesta de sodio y alcohol pueden bajar efectivamente la presión arterial.

Ayudas Naturales Posibles: Alimentos ricos en potasio (plátanos, aguacates), ajo y té de hibisco han sido asociados con mejoras modestas en la presión arterial.

OZEMPIC (Semaglutida):
Condición: Diabetes Tipo 2 y Obesidad
Alternativas de Estilo de Vida: Adoptar una dieta controlada en calorías y densa en nutrientes, y participar en ejercicio regular puede mejorar la sensibilidad a la insulina y ayudar en la pérdida de peso. Aunque puede ser desafiante, algunos individuos pueden reducir o retrasar la necesidad de tales medicamentos con cambios sostenidos en el estilo de vida. Aunque se están explorando propiedades antienvejecimiento a través de nuevos ensayos, este medicamento se usa en exceso en la población y en este punto probablemente solo debería considerarse para combatir la obesidad y casos extremos de Diabetes Tipo 2.
Ayudas Naturales Posibles: Enfócate en una dieta equilibrada basada en alimentos enteros y actividad física consistente. Aunque ningún suplemento específico reemplaza los efectos de Ozempic, las mejoras generales en la salud metabólica pueden reducir la dependencia de la medicación. Los efectos secundarios de Ozempic pueden ser perjudiciales, según el etiquetado. **Actualización 2025:** Consulta los agonistas del receptor GLP-1 anteriores para el potencial antienvejecimiento.

IBUPROFENO Y ASPIRINA / El Rol de los AINE en la Salud

Los fármacos antiinflamatorios no esteroideos (AINE) como el ibuprofeno y la aspirina reducen la inflamación, el dolor y la fiebre al bloquear las enzimas ciclooxigenasa (COX). La aspirina en dosis bajas puede reducir los riesgos de infarto cardíaco y cáncer colorrectal, pero dosis altas aumentan los problemas gastrointestinales y renales.

Beneficios para la Salud:
Alivio del Dolor y Antiinflamación: Los AINE manejan efectivamente la artritis, dolores de cabeza y dolores musculares.
Protección Cardiovascular: La aspirina en dosis bajas, que inhibe la agregación plaquetaria, a menudo se receta para reducir el riesgo de infartos cardíacos y derrames en sujetos con alto riesgo cardiovascular.
Prevención del Cáncer: Algunas evidencias sugieren que el uso regular de AINE, especialmente aspirina, puede reducir el riesgo de ciertos cánceres (por ejemplo, colorrectal) al reducir la inflamación crónica, que es un contribuyente conocido al desarrollo del cáncer.
Impacto en la Longevidad: Los AINE pueden reducir la "inflamación del envejecimiento", un impulsor de enfermedades relacionadas con la edad, pero no hay evidencia de que reviertan el envejecimiento. Un estudio de 2025 en Neurology sugiere que la aspirina puede reducir el riesgo de Alzheimer al reducir la neuroinflamación.

Riesgos: El uso crónico arriesga úlceras, sangrado y problemas cardíacos. Úsalo bajo supervisión médica.

CONSUMO DE ALCOHOL Y LONGEVIDAD

Mi padre fue un alcohólico terrible durante la primera mitad de su vida. Creo que comenzó por TEPT (aún no diagnosticado como una 'condición', llamaban a los soldados 'conmocionados' en el mejor de los casos durante ese período) después de sus terribles experiencias en batalla durante la Segunda Guerra Mundial. Sin embargo, fue el ejemplo de una historia de éxito en recuperación, no tocando alcohol durante los últimos 45 años de su vida. Aun así, me pregunto si habría superado los 88 años si no hubiera abusado tanto de su cuerpo en su juventud adulta.

Hace varios años, vi un estudio que mostró un posible vínculo con el consumo moderado en personas mayores y la extensión de la vida. Estudios más antiguos sugerían que el consumo moderado (1-2 bebidas diarias) podría ayudar a la salud cardíaca, pero análisis de 2025, como uno en The Lancet, muestran beneficios mínimos después de contabilizar factores de estilo de vida. Los riesgos incluyen caídas, interacciones con medicamentos y cáncer.

Mensaje Clave: El consumo moderado puede no dañar si estás saludable, pero no es un elixir antienvejecimiento. Enfócate en la dieta, el ejercicio y las conexiones sociales en su lugar.

BENEFICIOS Y RIESGOS DEL USO DE MARIHUANA

Mi querido amigo **Jimmy McShane**, quien luchó contra el cáncer durante años, creía que las inyecciones regulares de THC le ayudaban a lidiar con su enfermedad y aliviaban su dolor. Jimmy falleció hace unos años después de una larga lucha con la enfermedad. La marihuana (o cannabis) contiene cientos de cannabinoides, como THC (que te pone "eufórico") y CBD (que no lo hace). THC y CBD pueden ayudar con el dolor, la inflamación y la ansiedad, pero el uso intenso arriesga problemas cognitivos y dependencia. Un estudio de 2025 en Journal of Pain encontró que el CBD redujo el dolor crónico en el 65% de adultos mayores, pero no hay evidencia de que extienda la vida.

Mensaje Clave: La marihuana puede manejar síntomas pero no está probada para la longevidad. Consulta a un médico, especialmente con otros medicamentos.

USO DE CAFEÍNA Y NICOTINA

La cafeína, en café o té, aumenta la alerta y puede reducir los riesgos de Parkinson y diabetes. Un estudio de 2025 en American Journal of Clinical Nutrition vinculó 2-4 tazas diarias a una mortalidad más baja. La nicotina, sin embargo, es adictiva y perjudicial, especialmente a través del fumar o vapear, a pesar de beneficios cognitivos menores.

PENSAMIENTOS FINALES

Los cambios en el estilo de vida —alimentación saludable, ejercicio, sueño y conexiones sociales— a menudo superan a las píldoras para la longevidad. Medicamentos como metformina, rapamicina y senolíticos muestran promesa, pero no son balas mágicas. Nuevos agentes como inhibidores de IL-11 y agonistas de GLP-1 RA son emocionantes, pero la investigación está en curso. Siempre trabaja con tu médico para equilibrar medicamentos con estilo de vida para una vida más larga y saludable.

CAPÍTULO DIEZ
NUTRACÉUTICOS, SUPLEMENTOS, Y PAUTAS DIETÉTICAS

Yo probablemente tomo demasiadas vitaminas y suplementos. Mi encantadora esposa **Robin** se queja cuando me ve sacar mis interminables botellas y preparar mi régimen de vitaminas y suplementos para el próximo mes. Tomo tantos que los divido entre dosis diurnas y nocturnas. Me complació leer que **Robert F. Kennedy, Jr.,** de 70 años, hace lo mismo, y cuando investigué más, encontré que muchos gurús del fitness están acumulando suplementos.

Siento mucho más joven que mis años, así que debo estar haciendo algo bien. Como siempre, consulta con tu médico o profesional médico antes de agregar algo nuevo a tu régimen. Puedes beneficiarte de una inmersión más profunda en los siguientes y la mayoría de los otros vitaminas, suplementos y hierbas vitales obteniendo mi libro **Vitamins, Supplements, and Herbs for Health and Longevity: Boost Your Immunity, Increase Energy, and Feel Younger in Minutes a Day.**

"Creo que puedes, tomando algunas medidas simples y económicas, llevar una vida más larga y extender tus años de bienestar. Mi recomendación más importante es que tomes vitaminas todos los días en cantidades óptimas para suplementar las vitaminas que recibes en tu comida."
– Linus Pauling

Linus Pauling

Crédito – PICKRL - https://creativecommons.org/publicdomain/mark/1.0/

RESVERATROL Y POLIFENOLES

El resveratrol, un polifenol presente en uvas, vino tinto y bayas, puede activar las sirtuinas —proteínas que promueven la reparación celular y mimetizan los beneficios de la restricción calórica. Un ensayo clínico de 2025 en Nature Aging probó ResVitaMax, una forma de resveratrol altamente biodisponible, en 200 adultos mayores durante seis meses, mostrando una reducción de la inflamación, una mejora en la función mitocondrial y un mejor rendimiento cognitivo (Nature Aging). Aunque prometedor, se necesita más estudio sobre la dosificación óptima y los efectos a largo plazo. Los alimentos ricos en polifenoles como arándanos, chocolate negro y té verde también apoyan la salud cardíaca y cerebral, ofreciendo una forma deliciosa de potenciar tu dieta.

Piensa en el resveratrol como una llave que desbloquea un interruptor "juvenil" en tus células, como el que se activa al comer menos. Es un superhéroe potencial, pero todavía estamos descubriendo cuánto necesitas para marcar una diferencia real. Por ahora, disfruta de alimentos cargados de polifenoles mientras la ciencia perfecciona la receta.

PRECURSORES DE NAD+ (NMN y NR)

El NAD+ es como el jugo de batería que alimenta las fábricas de tus células, pero disminuye con la edad, dejándote agotado. El mononucleótido de nicotinamida (NMN) y el ribósido de nicotinamida (NR) recargan estas baterías. Un estudio de 2025 en Cell Metabolism encontró que la suplementación con NMN en 150 participantes ancianos mejoró la fuerza muscular, redujo la inflamación y aumentó la sensibilidad a la insulina después de 12 semanas (Cell Metabolism). Estudios en animales muestran beneficios similares, pero los ensayos en humanos están en curso para confirmar la seguridad y eficacia a largo plazo. Consulta a un médico antes de comenzar, ya que pueden ocurrir efectos secundarios como malestar digestivo.

Estos precursores son como paquetes de baterías frescas para tus células, manteniéndolas energizadas. Aunque emocionantes, no son una solución mágica todavía —piensa en ellos como un impulso prometedor para un estilo de vida saludable.

ANTIOXIDANTES

Los antioxidantes, como las vitaminas C y E, doman las especies reactivas de oxígeno (ROS) —pequeñas "chispas" de los fuegos de energía de tus células. Demasiadas chispas causan caos, pero algunas son necesarias para la señalización celular. Una revisión de 2025 en Aging Cell enfatizó los antioxidantes dirigidos, como los de las verduras coloridas, en lugar de píldoras de dosis altas, que pueden interrumpir señales ROS beneficiosas (Aging Cell). El equilibrio es clave —comer bayas, espinacas y nueces proporciona antioxidantes sin exagerar.

Imagina tus células como fogatas. Los antioxidantes son bomberos que mantienen las llamas bajo control, pero demasiados pueden apagar chispas útiles. Apégate a fuentes alimenticias para un equilibrio natural.

PÉPTIDOS

Los péptidos son cadenas cortas de aminoácidos que actúan como mensajeros, dirigiendo tareas como la reparación de tejidos y el crecimiento. La epitalona puede proteger los cromosomas, y el BPC-157 acelera la curación. Un ensayo de 2025 en Journal of Peptide Science probó la timosina beta-4 en 100 adultos mayores, mostrando una mejora en la elasticidad de la piel y la función articular después de seis meses (Journal of Peptide Science). Estos son experimentales, con datos en humanos aún emergentes, por lo que se recomienda precaución.

Piensa en los péptidos como pequeños entrenadores que dan instrucciones específicas a tus células. Son emocionantes, pero necesitamos más pruebas antes de que estén listos para el horario estelar.

CREATINA

La creatina, favorita entre los atletas, ayuda a los músculos a reciclar energía y puede apoyar la salud cerebral. Un estudio de 2025 en Nutrients encontró que la suplementación con creatina mejoró la memoria y la velocidad de procesamiento en 120 ancianos durante tres meses (Nutrients). También ayuda a mantener la masa muscular, crucial para permanecer móvil a medida que envejeces. La creatina es segura para la mayoría, pero consulta con un médico si tienes problemas renales.

Es como un impulso de poder para tus músculos y cerebro, ayudándote a mantenerte agudo y fuerte. No es una fuente de juventud, pero un compañero sólido para envejecer bien.

HORMONA DE CRECIMIENTO HUMANA (hGH)

La hormona de crecimiento humana (hGH), producida por la glándula pituitaria, apoya el crecimiento, el metabolismo y la salud muscular, pero disminuye con la edad. Las inyecciones son costosas y riesgosas, potencialmente causando hinchazón, problemas de insulina o cáncer. Un estudio de 2025 en Endocrine Reviews exploró péptidos liberadores de hormona de crecimiento (GHRPs), que estimulan la producción natural de hGH con menos efectos secundarios, mostrando promesa en ensayos tempranos (Endocrine Reviews). Evita el uso no aprobado de hGH —los cambios en el estilo de vida son más seguros.

La hGH es como un entrenador de crecimiento, pero las versiones sintéticas pueden ser problemáticas. Apégate a impulsos naturales como el ejercicio a menos que un médico lo prescriba.

SUPLEMENTOS EMERGENTES PARA LA LONGEVIDAD

Espermidina: El Potenciador de la Autofagia

La espermidina, encontrada en el germen de trigo, soja y queso añejo, promueve la autofagia —el proceso de limpieza de tus células. Un estudio de 2025 en Cell Reports mostró que la suplementación con espermidina en 200 adultos mayores mejoró los marcadores de autofagia, la función inmunológica y la energía después de 12 semanas (Cell Reports). Es una forma natural de apoyar la salud celular, pero se necesitan más datos en humanos.

Urolitina A: Revitalizador Mitocondrial
La urolitina A, un metabolito derivado del intestino del ácido elágico en granadas y bayas, mejora la mitofagia —eliminando mitocondrias dañadas. Un ensayo de 2025 en Aging Cell encontró que la urolitina A mejoró la fuerza muscular y la resistencia en 150 participantes ancianos al promover mitocondrias más saludables (Aging Cell). Es una adición prometedora, pero consulta a un médico antes de suplementar.

Fisetina: Superestrella Senolítica
La fisetina, un flavonoide en fresas y manzanas, tiene propiedades senolíticas, eliminando células senescentes que impulsan la inflamación. Un estudio de 2025 en Nature Communications mostró que la fisetina redujo la fragilidad y mejoró la función cognitiva en ratones envejecidos, con ensayos en humanos comenzando (Nature Communications). Agrega alimentos ricos en fisetina a tu dieta mientras esperas más datos.

Alfa-Cetoglutarato (AKG): Energía y Epigenética
El AKG, involucrado en la producción de energía y la regulación génica, puede extender la vida útil. Un estudio de 2025 en Aging encontró que la suplementación con AKG en ratones mejoró la función mitocondrial y redujo marcadores de envejecimiento epigenético, con ensayos en humanos planeados (Aging). Es temprano, pero el AKG podría cambiar el juego.

ALIMENTOS Y PATRONES DIETÉTICOS QUE APOYAN LA LONGEVIDAD

Para una mayor comprensión de alimentos y patrones dietéticos, profundizo mucho más en esto en mi libro **The Ultimate AI Diet – Consolidating the Best Diets Over the Last 100 Years.**

Un estudio de cohorte de 2025 en American Journal of Clinical Nutrition confirmó que la dieta mediterránea, rica en verduras, frutas, granos enteros, legumbres, nueces y pescado, alarga los telómeros y ralentiza el envejecimiento biológico (American Journal of Clinical Nutrition). La dieta de las Zonas Azules, enfatizando alimentos basados en plantas y proteínas moderadas, también ganó tracción en 2025 por sus beneficios de longevidad. Evita alimentos altamente procesados, exceso de carne roja, grasas trans y bebidas azucaradas, que alimentan la inflamación y la enfermedad.

Alimentos Vegetales Enteros y Mínimamente Procesados: Verduras de hoja verde, bayas, pimientos, arroz integral, avena, frijoles y lentejas proporcionan fibra, vitaminas y compuestos protectores.

Grasas Saludables: Aceite de oliva extra virgen, aguacates, nueces y semillas apoyan la salud cardíaca.

Proteínas de Alta Calidad: Pescado graso, aves, huevos y lácteos fermentados (yogur, kéfir) ofrecen omega-3 y probióticos.

Alimentos Fermentados: Kimchi, chucrut y miso nutren la salud intestinal, reduciendo la inflamación.

AZÚCAR: ¿AMIGO O ENEMIGO?

El azúcar es el principal combustible del cuerpo, especialmente para tu cerebro, pero demasiado puede llevar a aumento de peso, diabetes y envejecimiento más rápido. Aquí te explico cómo mantener un buen equilibrio:

Azúcares Naturales (en frutas enteras o lácteos) generalmente están bien ya que vienen con fibra, proteínas y nutrientes.

Azúcares Añadidos (azúcar de mesa, jarabe de maíz de alta fructosa) pueden elevar tu azúcar en sangre y no ofrecen mucho nutrición. Intenta limitarlos.

Edulcorantes Artificiales todavía se están estudiando. Pueden ayudar a reducir la ingesta de azúcar, pero podrían afectar las bacterias intestinales o desencadenar antojos de azúcar en algunas personas.

Una regla inteligente: combina carbohidratos o azúcares con algo de proteína, fibra o grasa saludable para ralentizar su impacto en tu azúcar en sangre.

SAL: ¿CUÁNTA ES DEMASIADA?

La sal (sodio) es crucial para mantener los fluidos y nervios de tu cuerpo funcionando. Pero es fácil excederse. Imagínalo como la presión del agua en una tubería —muy poca presión, y nada fluye; demasiada, y arriesgas una ruptura. Una cantidad moderada de sal ayuda a mantener tu corazón, riñones y presión arterial bajo control. Exagerar puede llevar a enfermedades cardíacas y otros problemas crónicos.

NUTRIENTES Y COMPUESTOS DERIVADOS DEL MAR

"Estamos atados al océano. Y cuando volvemos al mar, ya sea para navegar o para observar – estamos regresando de donde vinimos."
– Presidente John F. Kennedy

El océano ofrece tesoros antienvejecimiento. Los omega-3 reducen la inflamación, la astaxantina protege la piel y el fucoidan potencia la inmunidad. Un ensayo de 2025 en Marine Drugs encontró que la suplementación con astaxantina mejoró la elasticidad de la piel y redujo las manchas de la edad en 100 adultos mayores (Marine Drugs). El colágeno marino apoya las articulaciones y la piel. Agrega pescado o suplementos basados en algas, pero asegúrate de la pureza con la orientación de un médico.

Es nuestro deber hacer todo lo posible como especie para mantener nuestros océanos lo más libres de contaminación posible. Mi amigo, el Congresista **Scott Peters** dijo:

"Un océano saludable es vital para nuestra economía y bienestar. Necesitamos océanos limpios y saludables para sostener el turismo y la pesca."

El Congresista Scott Peters y Tad Sisler

Fuente – Colección Privada Sisler

ASEGURANDO QUE NO HAYA DEFICIENCIAS DE VITAMINAS

Una actualización de las directrices de 2025 enfatiza la vitamina D3 sobre la D2 para una mejor absorción y el magnesio para reducir la inflamación y apoyar la cognición (Nutrients). Los nutrientes clave incluyen:

Vitamina D: Apoya los huesos y la inmunidad. Obténla de la luz solar, pescado graso o suplementos de D3.

Vitaminas B (B12, Folato): Vitales para la sangre, los nervios y el ADN. Encontradas en carne, verduras de hoja verde o suplementos para veganos.

Vitamina C: Combate el estrés oxidativo, ayuda al colágeno. Come cítricos, pimientos o bayas.

Vitamina K (K1, K2): K1 para la coagulación, K2 para los huesos. Obténla de verduras de hoja verde, natto o suplementos.

Vitamina E: Protege las membranas celulares. Encontrada en nueces, semillas y aceites.

Magnesio: Apoya la energía y los nervios. Come verduras de hoja verde, nueces o toma citrato/glicinato.

Zinc: Potencia la inmunidad y la reparación. Obténlo de ostras, frijoles o suplementos.

Selenio: Mejora los antioxidantes. Encontrado en nueces de Brasil, mariscos o suplementos.

Hierro: Previene la anemia. Come carne, legumbres o suplementa con precaución. Prueba deficiencias mediante análisis de sangre, ya que la sobre-suplementación puede causar toxicidad. Una dieta de alimentos enteros cubre la mayoría de las necesidades, pero suplementos dirigidos pueden llenar huecos.

Para información extensa sobre estos suplementos y muchos otros, asegúrate de obtener mi libro **Vitamins, Supplements, and Herbs for Health and Longevity: Boost Your Immunity, Increase Energy, and Feel Younger in Minutes a Day.**

NUTRICIÓN PERSONALIZADA PARA LA LONGEVIDAD

Tus genes y estilo de vida son únicos, por lo que los suplementos deben adaptarse. Un estudio de 2025 en Nature Genetics mostró que pruebas genéticas para variantes de longevidad guían planes personalizados, como optimizar dosis de NMN o espermidina (Nature Genetics). Dispositivos wearables con IA, lanzados en 2025, rastrean NAD+ e inflamación, ayudándote a ajustar tu régimen (InsightAce). Este enfoque, detallado en el Capítulo 18, maximiza los beneficios mientras minimiza los riesgos.

QUÉ PUEDES HACER AHORA

Come Alimentos Coloridos: Carga con bayas, verduras de hoja verde, granos enteros, legumbres, nueces y pescado para polifenoles, omega-3 y nutrientes. Prueba la dieta mediterránea o de las Zonas Azules para beneficios de longevidad probados.

Sé Cauteloso con los Suplementos: Considera NMN, espermidina o urolitina A después de consultar a un médico. Comienza con dosis bajas y monitorea los efectos. Evita antioxidantes de dosis altas para preservar el equilibrio celular.

Prueba Deficiencias: Obtén análisis de sangre para vitamina D, B12, magnesio y otros para asegurar que no haya huecos. Trabaja con un proveedor de atención médica para adaptar la suplementación.

Vive Equilibrado: Mantente activo, duerme bien y maneja el estrés para amplificar los efectos antienvejecimiento de tu dieta. Estos hábitos son tu base, como hemos visto a lo largo de este libro.

Explora Pruebas Genéticas: Considera pruebas para identificar genes de longevidad, guiando tus elecciones de suplementos, como se discute en el Capítulo 18.

¿CUÁNTO TIEMPO FALTA PARA SABER MÁS?

Resveratrol y Polifenoles (3-5 Años): Ensayos en formas biodisponibles como ResVitaMax podrían confirmar la eficacia para 2028, con análogos posiblemente disponibles antes.

Precursores de NAD+ (2-3 Años): Estudios en humanos sobre NMN y NR están avanzando, con datos más claros sobre seguridad y dosificación esperados para 2027.

Antioxidantes (1-2 Años): La investigación en curso refinará las directrices de terapia dirigida, probablemente para 2026.

Péptidos (5-10 Años): La timosina beta-4 y otros necesitan más ensayos en humanos, con terapias posiblemente emergiendo para 2030.

Creatina (1-2 Años): Los beneficios cognitivos se están confirmando, con recomendaciones más amplias probablemente para 2026.
hGH y GHRPs (5-10 Años): Alternativas más seguras como GHRPs pueden entrar en práctica para 2030.
Espermidina, Urolitina A, Fisetina, AKG (3-5 Años): Ensayos en humanos están comenzando, con resultados esperados para 2028, potencialmente llevando a suplementos aprobados.

Así que, piensa en estos descubrimientos como herramientas que los científicos todavía están probando. Mientras esperas, sigue comiendo bien, moviendo tu cuerpo y disfrutando de las bondades naturales encontradas en alimentos saludables. En solo unos pocos años, algunos de estos nutracéuticos podrían convertirse en poderosos aliados para ayudar a las personas a vivir de manera más potente y quizás incluso vidas más largas. Necesitamos hacer lo mejor que podamos con lo que tenemos. Nuevamente, citando las palabras de mi amigo, el legendario actor **Robert Wagner:**

"He aprendido una cosa importante sobre los regalos de Dios – lo que hacemos con ellos es nuestro regalo para él."

CAPÍTULO ONCE

TERAPIAS AVANZADAS

INVESTIGACIÓN CON CÉLULAS MADRE

Estoy increíblemente emocionado por el potencial revolucionario de la investigación con células madre, no solo para ralentizar el proceso de envejecimiento, sino posiblemente para revertirlo. Al aprovechar el poder regenerativo de las células madre mesenquimales (MSCs), pronto podríamos restaurar tejidos dañados, reconstruir articulaciones debilitadas y rejuvenecer la piel envejecida a nivel celular. Las aplicaciones clínicas ya muestran promesa en la mejora de la función cardíaca para aquellos con daño cardíaco y en la reparación de cartílago en rodillas lesionadas. En 2025, avances incluyen neuronas derivadas de células madre que reducen las convulsiones en pacientes con epilepsia, con Neurona Therapeutics y la Universidad de California, San Diego, cortando la frecuencia de convulsiones de diaria a semanal en casos como el paciente Justin Graves (Neurona Therapeutics). Para la diabetes tipo I, las células beta fabricadas en laboratorio de Vertex Pharmaceuticals han permitido a algunos pacientes dejar la insulina, ya que estas células autorregulan el azúcar en sangre (Vertex Study). Estos avances destacan el potencial de las células madre para abordar condiciones previamente intratables.

Más allá de eso, las células madre pluripotentes inducidas (iPSCs) podrían crear terapias personalizadas, reprogramando tus células para regenerar órganos o tejidos específicos, casi eliminando los riesgos de rechazo. A medida que estas terapias avancen, cultivar nuevos órganos en laboratorios o aplicar tratamientos regenerativos para mantener la vitalidad juvenil durante décadas podría pasar de la ciencia ficción a la realidad médica.

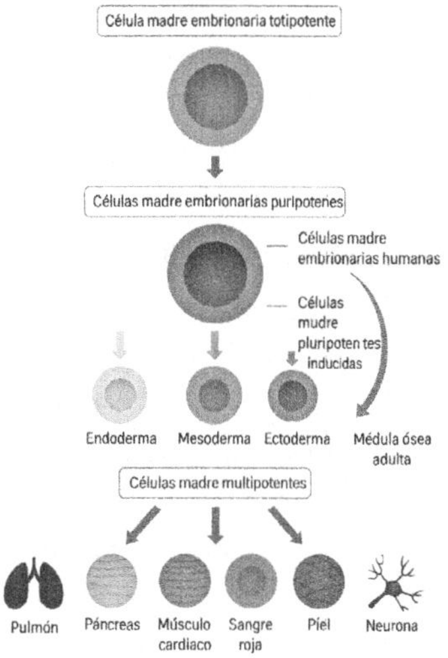

Crédito – Wikimedia Commons (recreado de la imagen original para mayor claridad y traducido al español por ChatGPT) Fuente: https://cnx.org/contents/FPtK1zmh@8.25:fEI3C8Ot@10/Preface

TERAPIAS REGENERATIVAS

Células Madre Mesenquimales (MSCs): El Equipo de Construcción de Tu Cuerpo

Las células madre mesenquimales (MSCs) actúan como pequeños trabajadores de la construcción en tu cuerpo. Cuando hay daño —como una acera agrietada— ayudan a reconstruir huesos, articulaciones y tejido cardíaco. También liberan señales que reducen la inflamación y mejoran el flujo sanguíneo, acelerando la reparación. Los médicos usan MSCs para curar lesiones deportivas, reparar músculos cardíacos dañados y suavizar arrugas al fortalecer la estructura de la piel. Un estudio de 2025 reportó que MSCs alogénicas de cordón umbilical mejoraron la fuerza muscular y las funciones motoras en pacientes de accidente cerebrovascular, mostrando sus efectos de protección neural y antiinflamatorios (Ercelen Study). Las MSCs también se están explorando para condiciones como Alzheimer y Parkinson, con ensayos que muestran una reducción de la neuroinflamación (DVC Stem).

CÉLULAS MADRE PLURIPOTENTES INDUCIDAS (iPSCs)

Pulsando el Botón de Rebobinado

Imagina tomar una célula corporal regular y pulsar un botón de rebobinado para convertirla en una "célula bebé" de nuevo, capaz de crecer en casi cualquier tejido. Eso es lo que hacen las iPSCs. Al evitar el uso de embriones, las iPSCs evitan problemas éticos. Los científicos las usan para estudiar enfermedades en laboratorios o crear células personalizadas, reduciendo los riesgos de rechazo. En 2025, las iPSCs están avanzando en tratamientos para la degeneración macular relacionada con la edad y la diabetes, con células fabricadas en laboratorio que restauran la función en modelos preclínicos (Beike Cell Therapy). Su versatilidad hace que las iPSCs sean una piedra angular de la medicina regenerativa.

TRANSPLANTE DE ÓRGANOS Y BIOINGENIERÍA

Regeneración de Órganos Completos

Bioprinting 3D (Dr. Anthony Atala): Piensa en una impresora 3D que usa células vivas para crear un riñón o hígado. En 2025, investigadores han impreso órganos complejos como corazones y riñones, aunque aún no son trasplantables. Estructuras más simples, como vejigas (trasplantadas por primera vez en 1999) y tráqueas, funcionan bien en pacientes (Built In). Un nuevo material de hidrogel elástico desarrollado en la Universidad Northeastern mejora la impresión de tejidos blandos, como vasos sanguíneos (Voxel Matters). Órganos completamente funcionales podrían ser realidad en dos décadas (Long Life and Health).

"Órganos Fantasma" (Dr. Harald Ott): Los científicos despojan órganos donados hasta su andamio, reseedándolos con tus células madre para prevenir el rechazo. Esta técnica está avanzando para riñones y pulmones, con ensayos de 2025 refinando la integración celular (Biomaterials Science).

Regeneración Completa del Corazón (Dr. Doris Taylor): El equipo de la Dr. Taylor usa la misma técnica de "órgano fantasma" en corazones. Al agregar células madre especiales, estos corazones pueden comenzar a latir de nuevo en el laboratorio. Aunque no estamos listos para trasplantar estos corazones completamente crecidos en humanos aún, el progreso es notable.

Dr. Anthony Atala

Crédito – Steve Jurvetson/ https://creativecommons.org/licenses/by/2.0/deed.en

CRONOGRAMA ESPERADO

1–5 Años: Uso más amplio de MSCs para huesos, corazones y piel; terapias iPSC para diabetes y enfermedades oculares.

5–10 Años: Los científicos cultivarán tejidos más complejos —como mini-hígados y riñones— en el laboratorio.

10+ Años: Órganos enteros, perfectamente adaptados a cada paciente, podrían convertirse en realidad, eliminando la necesidad de órganos donados.

TECNOLOGÍAS DE EDICIÓN GENÉTICA

CRISPR-Cas9: Tijeras Súper Inteligentes para Tus Genes

CRISPR-Cas9 es como tijeras que cortan o corrigen errores en el ADN, editando el "libro de recetas" de tu cuerpo para prevenir enfermedades. Investigadores como el **Dr. George Church** buscan ralentizar el envejecimiento y corregir defectos genéticos. Un estudio de 2024 del **Profesor Anne Brunet** en Stanford Medicine usó CRISPR para reactivar células madre neurales en ratones, potenciando la función cerebral y sugiriendo potencial para revertir el envejecimiento cerebral (Nature Study). Aunque las aplicaciones en humanos están distantes, esto podría combatir enfermedades neurodegenerativas como el Alzheimer.

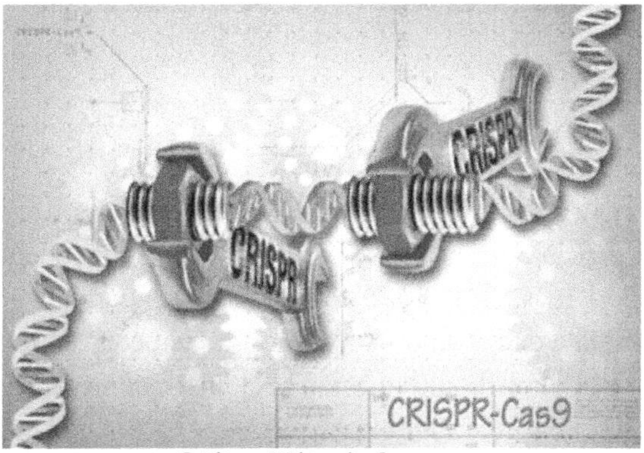

Crédito – Wikimedia Commons

Beneficios Potenciales y Desafíos

CRISPR podría prevenir enfermedades como Alzheimer o distrofia muscular al corregir genes temprano. Sin embargo, los cambios genéticos hereditarios plantean preocupaciones éticas, y ediciones fuera de objetivo arriesgan efectos no intencionados. Esfuerzos de 2025-2030 se centran en entregas más seguras, asegurando precisión (Economist CRISPR).

MODULACIÓN DEL MICROBIOMA

Salud Intestinal: El Barrio en Tu Vientre

Tu intestino alberga billones de bacterias. Un desequilibrio puede acelerar el envejecimiento o la enfermedad. La nutrición, probióticos o trasplante de microbiota fecal (FMT) mantienen el equilibrio, reduciendo la inflamación. El FMT es 90% efectivo para Clostridioides difficile y muestra promesa para Parkinson y Alzheimer al frenar la neuroinflamación (ScienceDirect). Un estudio de 2025 encontró que probióticos como Lactobacillus rhamnosus GG mejoran la inmunidad y la cognición en ancianos (Cell Reports).

"La salud intestinal lo es todo, es el segundo cerebro, donde se producen muchas de nuestras hormonas." – Tess Daly

Tess Daly

Crédito – Wikimedia Commons

VACUNAS Y LONGEVIDAD

Cómo las Vacunas Nos Ayudan a Vivir Más Tiempo

Las vacunas previenen enfermedades como la viruela y la polio, extendiendo las vidas. Mi padre perdió a un hermano en la infancia, probablemente prevenible con vacunas modernas. En 2025, las vacunas apuntan a enfermedades relacionadas con la edad como Alzheimer y diabetes, e incluso a células senescentes, que impulsan la inflamación y el envejecimiento (Nature Aging). Un estudio de 2021 mostró que una vacuna CD153 mejoró el healthspan en ratones, con ensayos en humanos en curso (Nature Communications).

El Futuro de las Vacunas

Las vacunas de ARNm, pivotales para el COVID-19, se están adaptando para cáncer y enfermedades relacionadas con la edad. En 2024, los CDC recomendaron que adultos de 65+ recibieran dos dosis de COVID-19 2024-2025 con seis meses de diferencia, y vacunas contra VRS para ancianos, reduciendo riesgos de enfermedades graves (CDC Vaccines). Esta recomendación se publicó antes de que **Robert F. Kennedy, Jr.** se convirtiera en Secretario de Salud y Servicios Humanos en febrero de 2025. Persisten preocupaciones sobre la seguridad a largo plazo, requiriendo pruebas rigurosas. En las palabras del **Presidente Ronald Reagan, "Confía, pero verifica."**

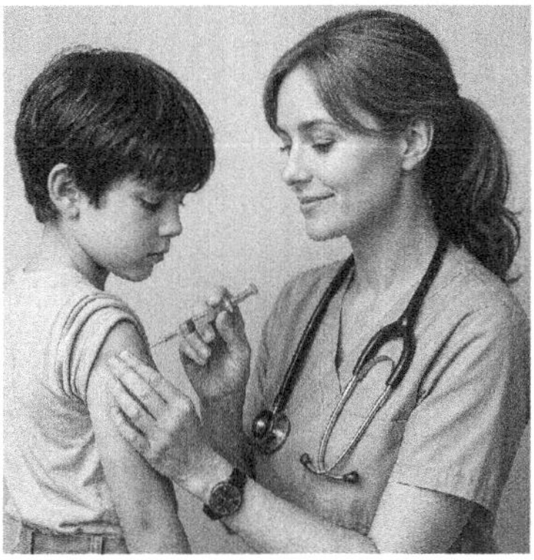

¿QUÉ PUEDES HACER AHORA?

Hábitos Saludables: Como siempre, come frutas, verduras y granos enteros. Haz ejercicio, duerme bien y maneja el estrés. Esto ayuda a que tus bacterias intestinales se mantengan equilibradas y apoya tu salud general.

Mantente Informado: Mantén el oído atento a nuevos descubrimientos —como edición genética y órganos cultivados en laboratorio— porque podrían afectar tus opciones de salud futuras.

Haz Chequeos: Visitas regulares al médico y vacunas recomendadas pueden ayudar a detectar problemas temprano y mantener tu sistema inmunológico listo para cualquier cosa.

Explora Ensayos: Pregunta a tu médico sobre ensayos clínicos para terapias de células madre o vacunas si eres elegible.

¿CUÁNTO TIEMPO FALTA PARA ESPERAR NUEVOS DESARROLLOS?

1–5 Años: Uso más amplio de MSCs e iPSCs para lesiones, diabetes y enfermedades oculares; terapias CRISPR tempranas.

5–10 Años: Tejidos complejos cultivados en laboratorio y edición genética refinada para enfermedades.

10+ Años: Órganos completamente funcionales y ediciones genéticas avanzadas, potencialmente haciendo posibles vidas de 150 años.

Recuerda: El progreso puede sentirse aterrador al principio, pero estos avances podrían transformar la medicina de la misma manera que los antibióticos y las vacunas lo hicieron hace un siglo. Al mantenerte curioso y de mente abierta, puedes aprovechar al máximo los descubrimientos que cambian la vida del mañana.

"Nada de lo que hacemos puede cambiar el pasado, pero todo lo que hacemos cambia el futuro." – Ashleigh Brilliant

PARTE V
ESTRATEGIAS DE ESTILO DE VIDA PARA LA LONGEVIDAD

CAPÍTULO DOCE
NUTRICIÓN Y DIETA

Es asombroso cuánto estamos aprendiendo sobre vivir más tiempo y mantenernos más saludables. En lugares como Okinawa (Japón) y Cerdeña (Italia), dietas mayoritariamente basadas en plantas parecen ayudar a las personas a llegar a la vejez en buena forma. Los científicos también están logrando avances en edición genética, terapias con células madre e incluso formas de imitar los beneficios de la restricción calórica —para que podamos cosechar las recompensas de un estilo de vida más saludable sin sentir hambre todo el tiempo. Mientras tanto, cambios simples como comer alimentos enteros, reducir la basura y tomar ciertos suplementos pueden ir muy lejos ahora mismo hacia agregar más años vibrantes a nuestras vidas. Una vez más, quiero promocionar dos libros que he escrito que exploran extensamente estos temas. Espero que te tomes el tiempo de leer mi libro **Vitamins, Supplements, and Herbs for Health and Longevity**, y mi otro libro **The Ultimate AI Diet - Consolidating the Best Diets Over the Last 100 Years.** Creo firmemente que te beneficiarás de ambos.

Crédito – World History Encyclopedia/Creative Commons/mrhayata/Mark Cartwright

LAS DIETAS DE LAS ZONAS AZULES

En las "Zonas Azules", donde las personas a menudo viven más de 100 años, las comidas se construyen alrededor de verduras, frijoles y frutas.

La carne es un placer ocasional, no un elemento básico diario. Por ejemplo:
En **Okinawa, Japón,** los adultos mayores comen batatas, verduras de hoja verde y tofu.
En **Cerdeña, Italia,** un enfoque mediterráneo incluye granos enteros, frijoles y aceite de oliva.
En **Nicoya, Costa Rica,** la dieta gira en torno al maíz, frijoles y frutas frescas. Estas comunidades también tienen fuertes lazos sociales, se mantienen activas y manejan el estrés —hábitos que parecen tan importantes como sus elecciones alimenticias.
Ikaria, Grecia: Un estudio de 2025 en Journal of Gerontology encontró que la dieta mediterránea de Ikaria, rica en aceite de oliva, verduras y pescado, reduce las enfermedades cardiovasculares y aumenta la expectativa de vida (Journal of Gerontology).

Estas comunidades también prosperan gracias a fuertes lazos sociales, actividad regular y manejo del estrés —hábitos tan vitales como su comida. Un estudio de 2025 en Nutrients reveló que los centenarios de las Zonas Azules comparten perfiles de microbioma intestinal altos en bacterias antiinflamatorias, probablemente ayudando a la longevidad (Nutrients).

EQUILIBRIO DE MACRONUTRIENTES

Tu cuerpo necesita tres combustibles principales: proteínas, grasas y carbohidratos. Un metaanálisis de 2025 en The Lancet sugiere que dietas con 40-50% de carbohidratos, proteínas más altas basadas en plantas (frijoles, lentejas, nueces) y grasas insaturadas (aguacates, aceite de oliva) están vinculadas a una menor mortalidad (The Lancet). Un estudio de Cell Metabolism encontró que las proteínas basadas en plantas reducen el IGF-1, un factor de crecimiento ligado a un envejecimiento más rápido, en comparación con las proteínas animales (Cell Metabolism). Evita las grasas "malas" en alimentos procesados, que actúan como lodo en el motor de tu cuerpo, obstruyendo sistemas y acelerando el envejecimiento.

MIMÉTICOS DE LA RESTRICCIÓN DIETÉTICA

Imagina beneficios antienvejecimiento sin hambre constante. Los miméticos de la restricción dietética como resveratrol, rapamicina y metformina engañan a las células para que entren en un modo de "ayuno saludable". En 2025, la espermidina, encontrada en el germen de trigo y la soja, surgió como una estrella. Un estudio de Nature Communications mostró que extiende la vida útil de los ratones al potenciar la autofagia —limpieza celular (Nature Communications). Los resultados intermedios del ensayo TAME de 2025 sugieren que la metformina retrasa enfermedades relacionadas con la edad en no diabéticos (TAME Trial). La eficacia humana del resveratrol sigue siendo incierta debido a problemas de biodisponibilidad, según una revisión de 2025 en Aging

Research Reviews (Aging Research Reviews). La rapamicina en dosis bajas mejoró la inmunidad en ancianos, según un estudio de 2025 en Science Translational Medicine (Science Translational Medicine).

"Con la ingesta adecuada de vitaminas y otros nutrientes y siguiendo algunas otras prácticas saludables desde la juventud o la mediana edad, puedes, creo, extender tu vida y años de bienestar en veinticinco o incluso treinta y cinco años." – Linus Pauling

SUPLEMENTOS PARA LA SALUD Y LA LONGEVIDAD

Para más información sobre estos y otros suplementos increíbles, por favor no olvides consultar mi libro **Vitamins, Supplements, and Herbs for Health and Longevity: Boost Your Immunity, Increase Energy, and Feel Younger in Minutes a Day.**

La vitamina D apoya la fuerza ósea y ayuda a regular el sistema inmunológico. Un estudio de mayo de 2025 de Mass General Brigham (MGB) y el Medical College of Georgia revela que tomar suplementos de vitamina D puede proteger contra el envejecimiento biológico al ralentizar el acortamiento de los telómeros (Fox News).

Ácidos Grasos Omega-3 (de pescado o algas) pueden mantener tu corazón y cerebro sintiéndose más jóvenes.

Coenzima Q10 (CoQ10) potencia las "plantas de energía" en tus células, ayudándolas a funcionar más suavemente.

Compuestos Vegetales como la **curcumina** (en la cúrcuma) o la **berberina** podrían reducir la inflamación perjudicial.

Probióticos y Prebióticos actúan como ayudantes amigables en el jardín de tu intestino —los probióticos agregan bacterias buenas, mientras que los prebióticos las alimentan, mejorando la digestión y el bienestar general.

Espermidina: Un ensayo de 2025 en Cell Reports encontró que mejora la autofagia y la inmunidad en ancianos (Cell Reports).

Urolitina A: Un ensayo de 2025 en Aging Cell mostró que mejora la función muscular mediante mitofagia en adultos mayores (Aging Cell).

Fisetina: Un estudio de 2025 en Nature Communications encontró que reduce la fragilidad en ratones, con ensayos en humanos comenzando (Nature Communications).

Alfa-Cetoglutarato (AKG): Un estudio de 2025 en Aging mostró que el AKG reduce el envejecimiento epigenético en ratones (Aging).

Mononucleótido de Nicotinamida (NMN) y Ribósido de Nicotinamida (NR): Un ensayo de 2025 en JAMA encontró que el NMN mejora la función muscular y reduce la inflamación (JAMA).

NUTRICIÓN PERSONALIZADA PARA LA LONGEVIDAD

Tus genes y estilo de vida son únicos, por lo que adaptar tu dieta puede maximizar los beneficios antienvejecimiento. Un ensayo de 2025 en American Journal of Clinical Nutrition mostró que dietas adaptadas genéticamente mejoran el manejo del peso y reducen la inflamación (AJCN). Dispositivos wearables con IA en 2025 rastrean biomarcadores como niveles de NAD+, guiando elecciones de suplementos y dieta (InsightAce). Este enfoque personalizado, detallado en el Capítulo 18, asegura que obtengas los nutrientes correctos para tu cuerpo.

TU MICROBIOMA Y EL ENVEJECIMIENTO

Tu microbioma intestinal moldea el envejecimiento. Un estudio de 2025 en Microbiome encontró que trasplantar bacterias intestinales de ratones jóvenes a mayores mejoró la cognición y redujo la inflamación, insinuando terapias futuras (Microbiome). Comer alimentos ricos en fibra (frijoles, avena) y fermentados (yogur, kimchi) apoya un intestino saludable, potenciando estas terapias.

AYUNO INTERMITENTE Y ALIMENTACIÓN RESTRINGIDA EN EL TIEMPO

El ayuno intermitente (IF) y la alimentación restringida en el tiempo (TRE), como comer dentro de una ventana de 8 horas, potencian la sensibilidad a la insulina, reducen el estrés oxidativo y mejoran la autofagia. Una revisión anual de 2025 en Annual Review of Nutrition confirmó estos beneficios para el healthspan (Annual Review). Prueba IF o TRE con orientación médica para complementar tu dieta.

PREVENCIÓN DE DEFICIENCIAS NUTRICIONALES

Los adultos mayores arriesgan deficiencias en vitamina D, calcio, magnesio, zinc y B12, impactando el healthspan. Un informe de 2025 de la OMS enfatizó abordar estas para mejorar los resultados (WHO Report). Análisis de sangre pueden detectar huecos, y una dieta variada con suplementos (si es necesario) asegura que estés cubierto.

QUÉ PUEDES HACER AHORA

Come Alimentos Coloridos: Llena tu plato con bayas, verduras de hoja verde, granos enteros, legumbres, nueces y pescado para polifenoles, omega-3 y nutrientes. Prueba dietas mediterráneas o de Zonas Azules para beneficios de longevidad probados.

Prueba Suplementos con Sabiduría: Considera NMN, espermidina o urolitina A después de consultar a un médico. Comienza bajo y monitorea efectos. Evita antioxidantes de dosis altas para mantener el equilibrio celular.

Prueba Deficiencias: Obtén análisis de sangre para vitamina D, B12, magnesio y otros. Trabaja con un proveedor de atención médica para adaptar la suplementación.
Abraza el Ayuno: Experimenta con una ventana de alimentación de 8 horas o días de ayuno ligero, con aprobación médica, para potenciar la salud celular.
Vive Equilibrado: Mantente activo, duerme bien y maneja el estrés para amplificar los efectos antienvejecimiento de tu dieta, como hemos visto a lo largo de este libro.
Explora Pruebas Genéticas: Considera pruebas para genes de longevidad para personalizar tu nutrición, como se discute en el Capítulo 18.

¿CUÁNTO TIEMPO FALTA PARA SABER MÁS?

Dietas de Zonas Azules (1-2 Años): Estudios en curso sobre microbioma aclararán sus beneficios de longevidad para 2027. Equilibrio de **Macronutrientes (1-2 Años):** Nuevos ensayos refinarán ratios óptimos para 2027.
Miméticos de la Restricción Dietética (2-5 Años): Ensayos de espermidina y metformina pueden arrojar datos humanos para 2028; resveratrol y rapamicina necesitan más tiempo.
Suplementos (2-5 Años): Ensayos de NMN, espermidina, urolitina A y AKG aclararán la eficacia para 2028; otros están bien estudiados.

Estos pasos —comer mayoritariamente alimentos enteros basados en plantas; reducir opciones poco saludables; equilibrar proteínas, grasas y carbohidratos; y agregar suplementos clave— pueden formar un mapa para una vida más larga y energética. Cada día, nuevos estudios apuntan a posibilidades aún mayores, pero la buena noticia es que podemos empezar a poner estas ideas en práctica ahora mismo.

"Hay una gran metáfora que usa uno de mis médicos: Si un pez nada en un tanque sucio y se enferma, ¿lo llevas al veterinario y le amputas la aleta? No, limpias el agua. Así que limpié mi sistema. Al comer verduras orgánicas crudas, nueces y grasas saludables, estoy inundando mi cuerpo con enzimas, vitaminas y oxígeno." – Kris Carr

Kris Carr
Crédito – Wikimedia Commons

CAPÍTULO TRECE
ACTIVIDAD FÍSICA Y EJERCICIO

"Caminar es el mejor ejercicio posible. Acostúmbrate a caminar muy lejos." – Thomas Jefferson

Thomas Jefferson

Crédito – Flickr/jvleis/ https://creativecommons.org/licenses/by-sa/2.0/

EL SUPERPODER DEL EJERCICIO

Estoy constantemente asombrado por cómo mover nuestros cuerpos puede mantenernos juveniles y vibrantes. El ejercicio alimenta nuestras células, agudiza nuestras mentes y nos protege de enfermedades crónicas. Es un superpoder oculto en cada paso, trote o baile, extendiendo la vida útil y mejorando esos años extra. Un metaanálisis de 2025 encontró que el ejercicio físico afecta positivamente la longitud de los telómeros, sugiriendo que puede ralentizar el envejecimiento celular hasta en nueve años (JMIR Aging). Desde niños hasta ancianos, mantenerse activo es una piedra angular de una vida larga y saludable.

EJERCICIO A LO LARGO DE TUS AÑOS

Niños y Adolescentes: Actividades aeróbicas como correr, nadar y ciclismo son excelentes para construir corazones y pulmones fuertes, y hábitos de fitness de por vida. Ejercicios divertidos que incluyen estiramientos y coordinación —como baile o deportes— también potencian el equilibrio y las habilidades motoras.

Adultos Jóvenes: Una mezcla de cardio (trotar, ciclismo, caminar rápido) y entrenamiento de fuerza (pesas o bandas de resistencia) es ideal. Esta combinación ayuda a mantener músculo magro, proteger contra problemas de salud futuros y mantener el motor del cuerpo funcionando eficientemente.

Edad Media: Ejercicios aeróbicos —como caminar rápido, ciclismo o natación— ayudan a manejar el peso y apoyar la salud cardíaca. Mientras tanto, levantar pesas moderadas o hacer ejercicios con peso corporal (flexiones, sentadillas) combate la pérdida natural de músculo y hueso que se cuela a medida que envejecemos.

Adultos Mayores: Actividades de bajo impacto como yoga, tai chi o estiramientos suaves mejoran el equilibrio, la flexibilidad y la fuerza, reduciendo el riesgo de lesiones. Entrenamiento de resistencia adaptado y caminatas diarias mantienen la independencia y el bienestar. El Colegio Americano de Medicina del Deporte (ACSM) nombró programas de fitness para adultos mayores como una tendencia principal de 2025, enfatizando su rol en la longevidad y la independencia (ACSM Fitness Trends). ¡Yo camino a paso rápido un par de millas casi diariamente, y me mantiene energizado!

Mezclar cardio, fuerza y flexibilidad cuida tu corazón, músculos y articulaciones. Si tienes preocupaciones médicas, consulta a un médico antes de cambiar tu rutina. Calentamientos, enfriamientos y forma adecuada previenen lesiones, asegurando un ejercicio seguro y efectivo.

MÁS QUE SOLO MÚSCULOS: BENEFICIOS MENTALES Y EMOCIONALES

El ejercicio no es solo físico —reduce el estrés, eleva el ánimo y mejora el sueño. Un estudio de 2024 en JAMA Network Open encontró que reducir el aislamiento social y la soledad baja el riesgo de mortalidad en un 36% y 9%, respectivamente, en personas con obesidad en comparación con aquellas sin ella (JAMA Network Open). Actividades grupales como clases de fitness, deportes en equipo o clubes de caminata fomentan lazos sociales, mejorando el bienestar emocional y la longevidad. Ya sea una carrera en cinta o un paseo por el vecindario, mantenerse activo enciende la alegría y mantiene el cuerpo y la mente en sintonía.

LA CIENCIA DETRÁS DE TODO

Mitocondrias y Telómeros

Las mitocondrias, las plantas de energía de tus células, producen energía para mantenerte vibrante. El ejercicio potencia su eficiencia, como se mostró en un estudio de 2023 donde el entrenamiento aeróbico de alta intensidad mejoró la función mitocondrial en el músculo esquelético (Journal of Applied Physiology). El ejercicio también protege los telómeros, las "tapas" de ADN que preservan la reparación celular. Un metaanálisis de 2025 confirmó que la actividad física alarga los telómeros, ralentizando el envejecimiento celular (JMIR Aging).

Control de la Inflamación
El ejercicio regular calma los químicos inflamatorios, reduciendo el daño a tu corazón, cerebro y articulaciones. Un estudio de 2023 de Harvard reveló que el ejercicio moviliza células T que contrarrestan el interferón, un impulsor de la inflamación crónica, ofreciendo un mecanismo claro para sus efectos antiinflamatorios (Harvard Gazette). Un artículo de 2025 del New York Times reforzó que los entrenamientos consistentes son una herramienta poderosa contra la inflamación crónica, apoyando la salud general (New York Times).

Hormesis Inducida por el Ejercicio
Los entrenamientos crean "estrés bueno", enseñando a las células a manejar desafíos, reparar daños y eliminar residuos. Esta hormesis mejora la resiliencia, ralentizando el envejecimiento. Un artículo de 2024 en npj Aging destacó cómo el ejercicio moderado desencadena respuestas horméticas, promoviendo la longevidad a través de adaptaciones celulares (npj Aging). Es como ir a un ensayo para un gran espectáculo —cuanto más practiques, mejor actúas cuando cuenta, y más lento sentirás los efectos del envejecimiento.

En última instancia, el ejercicio es una de las herramientas más poderosas que tenemos para mantenernos juveniles, por dentro y por fuera. Ya sea que estés corriendo, levantando pesas o simplemente paseando por tu vecindario, estos movimientos desencadenan una reacción en cadena que puede mantenernos más felices, saludables y energéticos durante años por venir.

Mi amigo cercano, el Linebacker del *Salón de la Fama* de la NFL **Junior Seau** fue un atleta excepcional y un ser humano aún mejor. Su amabilidad fuera del campo eclipsó su ferocidad en el campo. **Junior** dijo:

"Tengo miedo de ser promedio. Tengo un miedo real de ser solo otro linebacker. Quiero ser el mejor. Esa es solo la forma humana."

Tad Sisler con el Salón de la Fama de la NFL Junior Seau
Fuente- Colección Privada Sisler

Mi abuelo, **Ted Witt**, lo dijo de otra manera, ***"Si vas a hacer un trabajo, hazlo bien, o no lo hagas en absoluto."*** Lo que sea que hagas, pon tu corazón y alma en ello y tendrás éxito. El ejercicio es probablemente lo más importante que puedes hacer para mantener la salud física y extender tu vida.

TIPOS DE EJERCICIO BENEFICIOSO

ENTRENAMIENTO AERÓBICO VS. DE RESISTENCIA

El ejercicio aeróbico (trotar, ciclismo, natación) fortalece tu corazón y pulmones, como afinar el motor de un auto para la longevidad. El entrenamiento de resistencia (levantar pesas, flexiones) construye músculo, crucial para la fuerza y la postura a medida que envejeces. Combinar ambos maximiza los beneficios, como emparejar chocolate y mantequilla de maní para un trato más sabroso. Las tendencias de 2025 de ACSM clasifican el entrenamiento de fuerza tradicional en quinto lugar, reflejando su resurgimiento, especialmente para mujeres para potenciar la salud ósea y la longevidad (Prevention).

ENTRENAMIENTO DE INTERVALOS DE ALTA INTENSIDAD (HIIT)

El HIIT, como un juego rápido de etiqueta, involucra ráfagas cortas de esfuerzo intenso seguidas de descanso. Mejora rápidamente la salud cardíaca, la sensibilidad a la insulina y la función mitocondrial. Un artículo de 2025 en Men's Health notó la popularidad del HIIT por entrenamientos eficientes y orientados a resultados (Men's Health). Adultos mayores o aquellos con problemas de salud deben consultar a un médico y comenzar despacio para evitar lesiones.

Entrenamiento en Zona 2: Una Tendencia de 2025 El entrenamiento en Zona 2 —cardio de baja intensidad, constante y estable al 60-70% de la frecuencia cardíaca máxima— ganó tracción en 2025 para mejorar la salud cardiovascular y la eficiencia mitocondrial. Un artículo de Hydrow predice su ascenso, citando beneficios como la utilización de grasa y el rendimiento sostenible (Hydrow). Es ideal para todas las edades, ofreciendo beneficios de longevidad sin agotamiento.

QUÉ PUEDES HACER AHORA

Muévete Todos los Días: Incluso una caminata simple puede mantener tus células más fuertes. Si puedes, agrega pesas ligeras (como latas de sopa) para ayudar a que tus músculos se mantengan saludables. O haz cosas que disfrutes, como ciclismo o jugar tu deporte favorito.

Prueba Pequeñas Ráfagas de Velocidad: Corre o pedalea rápido durante 20 segundos, luego ve despacio durante 40 segundos. Repite eso unas cuantas veces.

Potenciarás tu nivel de fitness rápidamente, pero recuerda comenzar pequeño y ser seguro.

Usa Dispositivos Wearables: Rastrea el progreso con dispositivos de fitness, una tendencia principal de 2025, para optimizar entrenamientos (ACSM Fitness Trends).

Únete a Actividades Grupales: Clases de fitness o grupos de caminata reducen la soledad, potenciando la longevidad (JAMA Network Open).

Monitorea el Peso: Mantén tu Índice de Masa Corporal (IMC) en un rango saludable para evitar enfermedades cardíacas, diabetes e infartos.

Mantén una Actitud Positiva: Pensamientos y emociones positivas mejoran los beneficios del ejercicio, como mostró la pasión de mi amigo Junior Seau por la excelencia.

¿CUÁNDO VEREMOS NUEVOS DESARROLLOS?

Los científicos están explorando cómo el ejercicio impacta la longitud de los telómeros, la función mitocondrial y la inflamación. En los próximos 5-10 años, herramientas avanzadas como tecnología wearable y pruebas de biomarcadores pueden personalizar planes de ejercicio para una longevidad máxima. Un informe de 2025 de Athletech News nota que gimnasios ofrecen servicios de longevidad, como pruebas de biomarcadores, señalando un cambio hacia fitness impulsado por datos (Athletech News). Sigue moviéndote, mantente saludable y abraza estas innovaciones para un futuro vibrante.

"El verdadero disfrute viene de la actividad de la mente y el ejercicio del cuerpo; los dos están siempre unidos." – Wilhelm von Humboldt

...lo que me lleva a nuestro próximo capítulo.

CAPÍTULO CATORCE
SALUD MENTAL Y CONEXIONES SOCIALES

"Mantener el cuerpo en buena salud es un deber... de lo contrario no podremos mantener nuestra mente fuerte y clara." - Buda

A medida que exploramos formas de vivir más tiempo e incluso ralentizar el envejecimiento, nuestra salud mental y vidas sociales son sorprendentemente importantes. La investigación moderna muestra que nuestro estado de ánimo, niveles de estrés y sentido de propósito pueden afectar cómo envejecen nuestras células —como si nuestros "relojes internos" se desgastaran demasiado rápido o siguieran funcionando más tiempo. Un estudio de 2025 en Nature Aging encontró que las prácticas de mindfulness pueden reducir marcadores de envejecimiento biológico hasta en cinco años en adultos mayores de 50, medidos por la longitud de los telómeros y relojes epigenéticos.

Piensa en tu mente y tus amistades como un jardín. Cuando le das suficiente cuidado —tiempo en buena compañía, pensamientos positivos y hábitos saludables— se mantiene vibrante y vivo. Pero si lo ignoras o lo llenas de emociones tóxicas, comienza a marchitarse. De esta manera, cómo nos sentimos y con quién pasamos el tiempo puede ralentizar o acelerar cómo envejecemos.

TÉCNICAS DE REDUCCIÓN DEL ESTRÉS

Meditación y Mindfulness

La meditación y el mindfulness reducen las hormonas del estrés, disminuyen la inflamación y pueden proteger las células de envejecer demasiado rápido. El estudio de 2025 en Nature Aging mostró que la práctica regular de mindfulness preserva los telómeros y marcadores epigenéticos, potencialmente haciendo que las células actúen más jóvenes. Un artículo de febrero de 2025 en Psychology Today destaca cómo la meditación reduce el cortisol y la inflamación, clave para ralentizar el envejecimiento. Incluso el "efecto placebo" —creer que puedes mejorar— puede potenciar la curación. Imagina un "termómetro del estrés" dentro de ti: demasiado caliente, y te quemas más rápido. Las prácticas calmantes te enfrían, manteniendo tu cuerpo juvenil.

Cuando tenía cinco años, mi padre fue destinado a Memphis, TN. Estuvo ausente por largos períodos, y a veces me sentía triste o asustado por eso. Mi hermana mayor, **Suzanne,** me guiaba a la ventana y me decía que buscara el pájaro rojo. Decía que cuando viera el pájaro rojo era una señal de esperanza, y entonces siempre sabría que todo estaría bien. A lo largo de mi vida, en mis momentos más oscuros, he ido a la ventana y siempre parecía encontrar un pájaro rojo. Supongo que es apropiado que haya encontrado mi camino hacia una relación maravillosa con una mujer llamada **Robin** (Es inglesa para **pájaro petirrojo**)**!** Vive cada día al máximo y estarás bien.

"Es mucho más difícil encontrar fallos en los detalles mundanos de la existencia diaria cuando realmente, realmente sabes a nivel celular que te vas a ir, y que este momento, ahora mismo, es la vida. La vida no es lo que te pasa en 20 años. Este momento, ahora mismo, es tu vida." – Alan Ball

EFECTOS DEL TRAUMA INFANTIL Y EL ESTRÉS EN EL ENVEJECIMIENTO

Los tiempos difíciles en la juventud son como tormentas golpeando un árbol en crecimiento —a veces doblándolo o rompiéndolo. Un estudio de enero de 2025 en The Lancet Psychiatry muestra que el trauma infantil grave aumenta el inicio temprano de enfermedades relacionadas con la edad, pero la terapia puede mitigar estos efectos. Un metaanálisis de 2024 en JAMA Pediatrics confirma que la adversidad infantil acelera el envejecimiento biológico mediante cambios en la metilación del ADN. Con amigos confiables, pensamientos positivos o risas, puedes sanar. Como dice mi hija **Rachel**, ***"No es mi circo. No son mis monos."*** Otras personas pueden actuar de maneras negativas, pero no tenemos que apropiarnos de su comportamiento. Mi amigo, el actor **William Katt,** una vez me dijo que cuando interpreta a un "chico malo", busca qué hace que ese personaje sea bueno, porque nadie se considera a sí mismo malvado. Es un recordatorio de que el mundo no es todo blanco y negro —y a veces soltar la oscuridad de alguien más es lo que nos mantiene saludables.

"Cuando interpreto a un buen tipo, trato de explorarlos y averiguar qué los moldea y los hace interesantes. Cuando interpreto a un chico malo, trato de explorar todo lo que los hace buenos. Nadie realmente piensa que son un chico malo."

William Katt y Tad Sisler

Fuente – Colección Privada Sisler

El lado oscuro de mi talentoso padre fue su alcoholismo, que destruyó muchos aspectos de mi infancia. Fue uno de los pocos que eventualmente lo superó y vivió la segunda mitad de su vida sobrio. Mi maravillosa hermana, **Betsy,** superó la adicción cuando era joven y dio un giro completo a su vida para convertirse en una empresaria exitosa y madre. Conozco la oscuridad que viene con el miedo, la ira, la preocupación y la tristeza infantil. También sé que como niños no podemos elegir si somos víctimas o no. Como adultos, podemos elegir no ser víctimas, soltar el trauma infantil y reinventarnos. Aquí hay dos citas consecutivas que amo de **Norman Cousins:**

"La vida es una aventura en el perdón." "La capacidad para la esperanza es el hecho más significativo de la vida. Proporciona a los seres humanos un sentido de destino y la energía para comenzar."

El perdón, la esperanza y encontrar un sistema de apoyo te guiarán a través de la oscuridad hacia la luz.

Mi querido amigo **Frank Hamblen,** entrenador de la *NBA* ganador de 7 campeonatos con los *Chicago Bulls* de **Michael Jordan** y los *Los Angeles Lakers* de **Kobe Bryant,** tuvo su cuota de adversidad dentro y fuera de la cancha. **Frank** dijo:

"Simplemente te niegas a perder. El verdadero éxito se encuentra en la búsqueda implacable de la excelencia y la creencia inquebrantable en tu propio potencial."

Frank Hamblen y Tad Sisler

Fuente: Colección Personal de Tad Sisler

PERSPECTIVA NEGATIVA Y SU IMPACTO EN LA ENFERMEDAD Y LA LONGEVIDAD

Una perspectiva negativa —ira crónica, celos o tristeza— daña tu cuerpo con el tiempo. Un estudio de 2025 en Health Psychology encontró que el pesimismo aumenta el riesgo de enfermedades cardiovasculares en un 20% y la mortalidad por todas las causas en un 15%. Un artículo de abril de 2025 en Scientific American nota que la negatividad crónica aumenta la inflamación y perjudica la inmunidad, acelerando el envejecimiento. He escrito un libro entero sobre este tema. Para una inmersión más profunda, ve mi libro **The Science of Positive Thinking: How Mindset, Daily Habits, and Emotional Well-being Can Add Years to Your Life.** Mecanismos clave incluyen:

Respuesta al Estrés: Demasiada ira o preocupación puede causar altos niveles de hormonas del estrés e inflamación, lo que aumenta el riesgo de enfermedades cardíacas y otras dolencias.

Carga Alostática: Esto es el "desgaste" del estrés constante en tu cuerpo. Si siempre estás molesto, tu cuerpo puede quedarse atascado en modo "lucha o huida", haciendo que envejezca más rápido.

Cambios Epigenéticos: Las emociones negativas pueden afectar cómo se activan o desactivan tus genes, lo que puede acelerar el envejecimiento o la enfermedad.

Acortamiento de Telómeros: Si tus telómeros (las tapas en los extremos de tus cromosomas) se desgastan demasiado rápido, estás en mayor riesgo de problemas relacionados con la edad. El estrés puede acortarlos.

Efectos en el Cerebro: La ira o preocupación constante pueden remodelar partes de tu cerebro involucradas en la memoria y la toma de decisiones, acelerando el declive cognitivo.

El mindfulness y la terapia pueden reducir el estrés y la inflamación, ralentizando el envejecimiento celular. Una actitud positiva, como la risa, es sol para tus células, manteniéndote más saludable. ¡Así que no te preocupes; sé feliz! Al igual que la risa y la positividad pueden traer sol a un día nublado, una actitud positiva podría ayudar a los "trabajadores de reparación" de tu cuerpo a arreglar cosas y mantenerte más saludable a medida que envejeces. Es tan importante recordar que no importa cuán malas se pongan las cosas, cada día puedes despertarte y reinventarte. Mi amigo, el icónico actor **Lorenzo Lamas** habló sobre su experiencia:

"A veces tienes que reinventarte en este negocio para ser aceptado en diferentes roles."

Tad Sisler con Lorenzo Lamas y A.J. Lamas

Fuente- Colección Privada Sisler

EL ROL DEL PROPÓSITO EN LA COMUNIDAD

Encontrando Tu "Por Qué"

Un fuerte sentido de propósito —cuidar de la familia, ayudar a tu comunidad o dominar una habilidad— puede extender tu vida. Un estudio de febrero de 2025 en New England Journal of Medicine encontró que aquellos con propósito tenían un 25% menos de riesgo de mortalidad en 20 años. La conexión social es igualmente vital; el estudio mostró que las personas socialmente activas viven hasta 10 años más. Una revisión anual de 2024 en Annual Review of Psychology confirma que el apoyo social potencia la salud mental y física, especialmente en ancianos. La tenencia de mascotas también agrega propósito; un estudio de 2025 en Journal of Happiness Studies encontró que los dueños de mascotas tienen menor depresión y mayor satisfacción con la vida, ligado a vidas más largas. Recuerda la cita de **Bob Proctor:**

"Lo que piensas, lo atraes."

Tener una razón para levantarte cada mañana es como un mapa y una brújula en el viaje de la vida. Mi querido amigo, el legendario artista multi-Platino **Glen Campbell,** lo capturó:

"La vida es demasiado corta para no disfrutarla."

Glen Campbell Actuando con Tad Sisler

Fuente – Colección Privada Sisler

Aislamiento Social vs. Conexión: La actividad social —amigos, iglesia o grupos— protege contra el estrés y la enfermedad. Un estudio de 2024 en JAMA Network Open encontró que reducir el aislamiento social baja el riesgo de mortalidad en un 36% en individuos obesos. El aislamiento es como estar varado en una isla desierta; las conexiones son un pueblo compartiendo apoyo.

Comencé a actuar en una iglesia de Palm Desert, California, a finales de los 1980s, principalmente para ganar ingresos extra criando a mis cuatro hijos pequeños. Después de unos años, los miembros de la iglesia se convirtieron en una familia extendida para mí. Cuando mi maravillosa esposa, **Stephanie,** murió inesperadamente, seiscientas personas vinieron a su funeral. No fue hasta ese momento que me di cuenta de la necesidad y la fuerza de la comunidad, ya que los miembros de la congregación abrazaron no solo a mí sino también a mis hijos en nuestro duelo. Las personas con buenos amigos y conexiones cercanas se mantienen más saludables, como una cadena fuerte que no se rompe. Tener compañeros para hablar, bromear y apoyarte cuando los tiempos son duros ayuda a mantener tu cuerpo y mente más jóvenes por más tiempo.

Mi amiga, la actriz **Dyan Cannon**, dijo:

"¿Te has dado cuenta de que cuando empiezas a ser feliz, dices, uh-uh, mejor me cuido. Me siento demasiado bien. Algo va a pasar."

Dyan Cannon y Tad Sisler
Fuente: Colección Personal de Tad Sisler

Creo que muchos de nosotros estamos condicionados para esperar lo peor en algún lugar dentro de nosotros. Mi amigo, el legendario trompetista **Steve Madaio** creía que si mantienes tus esperanzas y expectativas bajas, solo puedes ser agradablemente sorprendido cuando pasen cosas buenas. Creo en el poder de la oración y las afirmaciones. Cree en ti mismo, ante todo, y siempre acepta apoyo y aliento de otros. Pronto podrías encontrar, como yo en mis momentos más oscuros, que un fuerte sistema de apoyo te salvará.

Recuerda lo que dijo mi querido amigo, el ex quarterback ganador de campeonatos de la *NFL*, **congresista** y **secretario de Vivienda y Desarrollo Urbano Jack Kemp:**

"Es agradable ser necesario."

Tad Sisler con el Congresista Jack Kemp
Fuente – Colección Privada Sisler

NUEVAS TECNOLOGÍAS PARA LA SALUD MENTAL

En 2025, la tecnología transforma el apoyo a la salud mental. Aplicaciones de terapia impulsadas por IA entregan terapia cognitivo-conductual (TCC) personalizada, y la realidad virtual (VR) ofrece relajación inmersiva. Un estudio de marzo de 2025 en JMIR Mental Health encontró que el mindfulness en VR reduce la ansiedad y potencia el bienestar. Dispositivos wearables monitorean la variabilidad de la frecuencia cardíaca para rastrear el estrés en tiempo real, empoderándote para manejar tu estado mental. Estas herramientas, junto con prácticas tradicionales, hacen que nutrir tu mente sea accesible.

QUÉ PUEDES HACER AHORA

Comienza Prácticas Simples de Mindfulness: Dedica unos minutos diarios a enfocarte en tu respiración para reducir el estrés y proteger las células. Prueba aplicaciones de terapia con IA o sesiones de mindfulness en VR para guías.
Busca Relaciones de Apoyo: Conéctate con personas uplifting a través de clubes, voluntariado o intereses compartidos. Las mascotas también pueden potenciar el ánimo y la longevidad.
Encuentra Tu Propósito: Descubre qué te emociona —cuidar una mascota, ayudar a un vecino o aprender una habilidad— para alimentar el impulso de tu vida.
Usa Tecnología: Explora wearables para monitorear el estrés o aplicaciones para apoyo mental, mejorando prácticas tradicionales.
Mantén una Perspectiva Positiva: Abraza el perdón y la esperanza, recordando la cita de **Norman Cousins:** ***"La vida es una aventura en el perdón."*** Reinvéntate diariamente, como sugiere **Lorenzo Lamas.**

¿CUÁNTO TIEMPO FALTA PARA VER NUEVOS DESARROLLOS?

Ahora a 5 Años: Aplicaciones de meditación, terapia grupal y programas comunitarios están disponibles ahora. El mindfulness en VR y la terapia con IA se están expandiendo, mejorando el acceso.

5 a 10 Años: Espera herramientas respaldadas por investigación como grupos de apoyo virtuales y wearables de monitoreo de estrés en tiempo real.
10+ Años: Programas personalizados de "resiliencia" basados en ADN y hábitos pueden surgir, ofreciendo planes adaptados para mantener la mente y el cuerpo fuertes.

Todos estamos en un viaje para entendernos mejor. Todos los que buscan significado en sus vidas llegan a un punto donde comienzan a superar traumas infantiles. Mi amigo y ministro **Dr. Tom Costa** una vez me dijo que se encontró culpando a sus padres por cosas que le estaban pasando ahora, y sus padres habían muerto muchos años atrás. Mi buen amigo, el legendario actor *nominado al Oscar* **Elliott Gould** dijo:

"Mi problema fue que me dejé conocer antes de conocerme a mí mismo."

Tad Sisler con Elliott Gould
Fuente – Colección Privada Sisler

Eso es un recordatorio de que nunca es demasiado tarde para seguir aprendiendo y creciendo. Con nueva tecnología y una mentalidad cariñosa, podemos construir vidas más saludables y largas —quizás más largas de lo que jamás pensamos posible.

En resumen, la forma en que nos sentimos, cómo lidiamos con el estrés y las personas con las que nos rodeamos pueden moldear nuestra salud futura. Ya sea a través de técnicas simples como la meditación o cambios mayores como encontrar nuevos amigos y metas, cada paso cuenta. La ciencia respalda lo que muchos de nosotros hemos sentido en nuestros corazones durante mucho tiempo: una perspectiva positiva y conexiones fuertes pueden realmente ayudarnos a vivir vidas más largas y felices.

"Recuerda, hoy es el mañana por el que te preocupaste ayer."
– Dale Carnegie

CAPÍTULO QUINCE

SUEÑO Y RITMOS CIRCADIANOS

LA CIENCIA DEL SUEÑO

Con todas las distracciones de la era moderna, es sorprendente que alguien duerma en absoluto. Al igual que muchas elecciones de vida, necesitamos hacer tiempo para descansar. La importancia de un buen sueño nocturno regular para la longevidad y ralentizar el envejecimiento no puede exagerarse. La investigación sugiere que 7-8 horas de sueño de calidad nocturno apoya la reparación celular, reduce la inflamación y baja el riesgo de enfermedades crónicas, potencialmente extendiendo la vida útil (BMC Public Health). Sin embargo, las necesidades individuales varían, y estudios en curso buscan aclarar patrones de sueño óptimos para un envejecimiento saludable.

ETAPAS DEL SUEÑO Y SUS FUNCIONES RESTAURADORAS

Piensa en el sueño como el equipo de mantenimiento nocturno de tu cuerpo. Ciclas a través de diferentes etapas —primero cayendo en sueño NREM ligero (Movimiento Ocular No Rápido), luego asentándote en sueño NREM más profundo, y finalmente alcanzando el sueño REM (Movimiento Ocular Rápido).

Durante el sueño NREM profundo, tu cuerpo es como una zona de construcción ocupada: los músculos se reparan, los huesos se fortalecen y tu sistema inmunológico se prepara para mantenerte saludable. Luego viene el sueño REM, que es más como un cine mental —tu cerebro reproduce los recuerdos del día, decidiendo cuáles guardar para que puedas aprender y recordar cosas importantes. Cuando estas etapas fluyen suavemente, te despiertas renovado tanto física como mentalmente. Un estudio de 2024 en Sleep Medicine encontró que preservar el sueño NREM profundo mejora la función inmunológica en adultos mayores, apoyando la longevidad (Sleep Medicine).

CÓMO LA FALTA DE SUEÑO ACELERA EL ENVEJECIMIENTO

Perder un buen sueño es como saltarse el mantenimiento regular de tu auto. Con el tiempo, los problemas pueden aparecer —problemas cardíacos, aumento de peso e incluso problemas para equilibrar el azúcar en sangre. La privación crónica de sueño puede acelerar el envejecimiento celular acortando los telómeros, las tapas protectoras en el ADN, aumentando el riesgo de enfermedades (Nature Aging). Un estudio de 2024 en JAMA Network Open vinculó el sueño pobre a un 15% mayor riesgo de eventos cardiovasculares en adultos mayores (JAMA Network Open). La buena noticia es que tu cuerpo es notablemente bueno protegiendo el sueño profundo incluso si eres interrumpido mucho —por ruido, una mascota o demasiadas visitas al baño. En estudios donde las personas fueron despertadas repetidamente del sueño profundo, sus cerebros rápidamente volvieron al sueño profundo cuando se durmieron de nuevo. Eso no significa que el sueño fragmentado sea genial, pero muestra cuán determinado está tu cuerpo a obtener el descanso que necesita.

RITMOS CIRCADIANOS
VIVIENDO EN SINCRONÍA CON TU RELOJ INTERNO

Tu cuerpo funciona en un horario aproximado de 24 horas conocido como tu ritmo circadiano, que te dice cuándo despertar, cuándo relajarte e incluso cuándo comer. Imagina tener un equipo de pequeños trabajadores dentro de ti, cada uno con un horario establecido para hacer su trabajo. Si te adhieres a horarios regulares de sueño y comidas —como ir a la cama a la misma hora cada noche y no comer bocadillos tarde— esos trabajadores pueden mantenerse en el camino.

Investigadores como el **Dr. Satchidananda Panda** han encontrado que la **alimentación restringida en el tiempo** (comer dentro de una ventana determinada cada día) puede ayudar a alinear estos ritmos internos, reduciendo el riesgo de enfermedades y ralentizando el envejecimiento. Pero si estás por todos lados —cenando a medianoche o quedándote despierto hasta el amanecer— tus pequeños trabajadores terminan en turno nocturno permanente. Eso puede llevar a todo tipo de averías con el tiempo, causando que envejezcas más rápido y te sientas agotado.

Un estudio de 2025 en npj Women's Health explora disrupciones circadianas en mujeres durante la menopausia, sugiriendo rutinas adaptadas podrían mitigar efectos de envejecimiento (npj Women's Health). Horarios irregulares, como comer tarde o quedarse despierto hasta el amanecer, interrumpen estos trabajadores, acelerando el envejecimiento y la fatiga.

Como músico de toda la vida, a menudo actuaba hasta tarde en la noche. Solía saltarme comidas antes de un show para que mi voz no se viera afectada, lo que desequilibraba mis patrones de alimentación y sueño. Pero nuestros cuerpos pueden adaptarse de manera notable —incluso si no es ideal. La clave es encontrar un horario que te permita trabajar alrededor de las demandas de la vida mientras le das a tu "reloj interno" una oportunidad de luchar. Para trabajadores por turnos o noctámbulos, 2025 ofrece soluciones como la aplicación Timeshifter Shift Work (Timeshifter) y Arcashift (Arcascope), que proporcionan consejos circadianos personalizados. Iluminación informada por circadianos, probada en un ensayo de 2024, también mejora el sueño y el rendimiento para trabajadores nocturnos al sincronizar la exposición a la luz con relojes biológicos (ScienceDaily).

NUEVAS TECNOLOGÍAS DE SUEÑO EN 2025-2026

Avances en tecnología de sueño están transformando el descanso en 2025. Colchones inteligentes, como el OptimizeME, usan IA para ajustar la firmeza e inclinación, incluso previniendo la apnea del sueño al monitorear la respiración (CES). Monitores wearables rastrean la frecuencia cardíaca y ciclos REM, ofreciendo consejos basados en aplicaciones para un mejor sueño (Illumeably). Tone Buds, debutados en CES 2025, usan EEG para ajustar el sonido, ayudándote a dormir más rápido (CNET). Estas herramientas pueden mejorar la calidad del sueño, apoyando la longevidad, pero su impacto a largo plazo aún se está estudiando.

LUZ AZUL Y SUEÑO: EL DEBATE CONTINUO

La luz azul de las pantallas puede interrumpir el sueño al suprimir la melatonina, pero un estudio de 2024 sugiere que el brillo general importa más (Medical News Today). Hasta que surja evidencia más clara, reduce el tiempo de pantalla antes de dormir, usa filtros de modo nocturno o evita dispositivos para salvaguardar tu ritmo circadiano. Una actualización de 2025 en Healthline recomienda atenuar las pantallas para minimizar posibles interferencias en el sueño (Healthline).

AYUDAS NATURALES PARA EL SUEÑO PARA UN MEJOR DESCANSO

Remedios naturales pueden apoyar el sueño sin medicación. Melatonina, magnesio, raíz de valeriana, té de manzanilla y jugo de cereza ácida son populares, con una revisión de 2025 en Healthline notando la capacidad de la melatonina para reducir la latencia del sueño (Healthline). El magnesio calma músculos y nervios, mientras que el jugo de cereza ácida puede potenciar los niveles de melatonina (Johns Hopkins). Consulta a un proveedor de atención médica antes de comenzar suplementos, especialmente si tienes condiciones de salud o tomas medicamentos, para evitar interacciones.

QUÉ PUEDES HACER AHORA

Adhiérete a un Horario: Apunta a 7-8 horas de sueño en horarios consistentes para alinear tu ritmo circadiano. Come dentro de una ventana de 10-12 horas, evitando bocadillos tardíos.

Crea un Entorno Amigable para el Sueño: Mantén tu dormitorio oscuro, fresco (65-68°F) y silencioso. Usa cortinas opacas o una máscara de sueño para bloquear la luz (Sleep Foundation).

Limita la Luz Azul: Reduce el tiempo de pantalla 1-2 horas antes de dormir o usa filtros de modo nocturno para minimizar la disrupción circadiana (Healthline).

Prueba Ayudas Naturales: Experimenta con té de manzanilla o suplementos de melatonina, pero consulta a un médico primero (Johns Hopkins).

Usa Tecnología: Explora tecnología de sueño de 2025 como colchones inteligentes o wearables para rastrear y mejorar el descanso (CNET).

Maneja Horarios Irregulares: Si eres trabajador por turnos o músico, usa aplicaciones como Timeshifter o iluminación circadiana para sincronizar tus ritmos (Timeshifter).

¿CUÁNTO TIEMPO FALTA PARA VER NUEVOS DESARROLLOS:

Ahora a 5 Años: Aplicaciones de rastreo de sueño, wearables y colchones inteligentes ya están mejorando la calidad del sueño. Ensayos en curso, como aquellos sobre ritmos circadianos en mujeres, aclararán su impacto en el envejecimiento para 2030 (npj Women's Health).

5 a 10 Años: Wearables avanzados pueden integrar rastreo de biomarcadores para personalizar planes de sueño, potenciando beneficios de longevidad (Illumeably).
10+ Años: Terapias dirigidas a genes circadianos o intervenciones específicas de sueño podrían surgir, potencialmente revolucionando cómo combatimos el envejecimiento a través del descanso.

El sueño es el reinicio nocturno de tu cuerpo, y alinear tu ritmo circadiano es como mantener tu reloj interno enrollado. Con las nuevas herramientas de 2025 y hábitos atemporales, puedes descansar mejor, vivir más tiempo y sentirte vibrante cada día.

Y no hay un hábito más recompensante que disfrutar o participar en la música y las artes:

CAPÍTULO DIECISÉIS

IMPACTO DE LA MÚSICA Y LAS ARTES EN LA LONGEVIDAD Y LA SALUD CEREBRAL

Mi hermana, **Suzanne Ramsey**, fue una psicóloga capacitada y directora de un centro de salud mental durante muchos años. Me dijo que encontró en muchos pacientes que el estrés simple y el agotamiento eran la causa de muchos problemas de salud mental. Los miedos, incluyendo el miedo al fracaso o la decepción, eran otros problemas principales más allá de la depresión simple basada en la pérdida. Aprender a cantar o tocar un instrumento puede ayudar a aliviar muchos problemas de salud mental. Mi hermana tenía muchas herramientas para ayudar a sus pacientes, y la terapia musical estaba entre esas herramientas.

Suzanne Ramsey y Tad Sisler
Fuente- Colección Privada Sisler

BENEFICIOS COGNITIVOS DEL COMPROMISO MUSICAL

Comprometerse con la música —tocar un instrumento, cantar o escuchar atentamente— fortalece las conexiones entre células cerebrales, agudiza la memoria a corto plazo y construye un robusto sistema de "respaldo" mental.

Un estudio de 2025 en Journal of Gerontology encontró que adultos mayores que tomaron lecciones de música durante seis meses mejoraron la memoria en un 20% y la función ejecutiva, sugiriendo un retraso en el inicio del Alzheimer. Estudios de neuroimagen, como un informe de 2024 en NeuroImage, muestran que la música activa múltiples regiones cerebrales, mejorando la neuroplasticidad y la resiliencia contra el declive cognitivo. Esto es como afinar una orquesta —cada nota fortalece la armonía del cerebro, manteniéndolo vibrante a medida que envejeces.

USO TERAPÉUTICO DE LAS ARTES Y LA MÚSICA

Las terapias de música y arte —artes visuales, danza, escritura creativa— son herramientas poderosas para la reducción del estrés y la salud emocional. Un estudio de 2025 en Arts in Psychotherapy mostró que la terapia de arte redujo la ansiedad y la depresión en un 30% en ancianos, mejorando la calidad de vida. La terapia musical ayuda a pacientes con demencia, estimulando la memoria y la interacción social. Un ensayo de febrero de 2025 en Parkinson's Disease encontró que intervenciones basadas en música mejoraron la función motora y el estado de ánimo en un 25% en pacientes con Parkinson. Estas terapias son como mantas cálidas, encendiendo recuerdos y conexión.

En 2025, la terapia de arte en realidad virtual (VR) está emergiendo, con un estudio en JMIR Mental Health reportando reducción del estrés y mejora del estado de ánimo en pacientes con demencia a través de experiencias creativas inmersivas. Aplicaciones de música generada por IA, como SoundMind, adaptan pistas de relajación, mejorando el bienestar. Tu cerebro es una sala de conciertos o galería de arte —la música y el arte encienden sus reflectores, manteniéndolo flexible y juvenil.

Para las personas que tienen problemas con la memoria o se sienten tristes, escuchar sus canciones favoritas o hacer arte puede ser como una manta cálida —puede traer de vuelta viejos recuerdos, animarlos y ayudarlos a sentirse conectados con el mundo que los rodea. Es una forma para que el cerebro recuerde cómo cantar sus melodías favoritas, incluso si olvida algunas otras notas en el camino. Mi amigo, el legendario cantante principal de los **Righteous Brothers Bill Medley** tuvo la canción más reproducida en la radio estadounidense en el siglo XX, *"You've Lost That Lovin' Feelin'."* Habló sobre la importancia de nuestro amor por la música:

"La razón por la que todavía amo actuar es que personas de mi edad, un poco más jóvenes y un poco mayores, aparecen para revivir esa cosa que las hizo tan felices hace todos esos años. Y mientras aparezcan, seguiré adelante hasta que me caiga."

Tad Sisler con The Righteous Brothers
Fuente – Colección Privada Sisler

Y... si estás considerando aprender a tocar un instrumento, o incluso si solo quieres aprender más sobre ello, por favor consulta mi SERIE DE MAESTRÍA MUSICAL de libros en Amazon.

¿CÓMO LAS FRECUENCIAS DE LUZ Y COLOR O LAS FRECUENCIAS DE SONIDO AFECTAN LA SALUD HUMANA Y LA LONGEVIDAD?

Cuando era más joven, tenía un amigo psíquico que me dijo que sería instrumental en educar al mundo sobre la conexión entre el color y la música. Pensé que era una declaración bizarre, pero me hizo hacer una tonelada de investigación sobre frecuencias de luz y sonido, y cómo afectan la condición humana.

DIFERENTES FRECUENCIAS, DIFERENTES EFECTOS

Luz y Color: Aunque no hay un vínculo directo que una frecuencias específicas de luz (color) y sonido a la longevidad, ambos influyen en el estado de ánimo y el estrés, afectando indirectamente la salud. La luz visible (430-770 terahercios) y el sonido (20-20,000 hercios) operan en rangos diferentes, haciendo correlaciones uno a uno desafiantes. Un estudio de 2024 en *Photobiomodulation, Photomedicine, and Laser Surgery* encontró que la terapia de luz roja estimula el colágeno, reduciendo signos de envejecimiento de la piel. Una revisión de 2025 en *Complementary Therapies in Medicine* sugiere que colores como el azul calman el estado de ánimo, pero los beneficios de longevidad no están probados.

Un ensayo de 2025 en *Nature Communications* exploró terapia combinada de luz y sonido de 40 Hz, mejorando la función cognitiva en pacientes con Alzheimer temprano al potenciar la actividad de ondas gamma. Esto sugiere sinergia potencial, pero se necesita más investigación. Por ahora, usa colores calmantes en tu espacio y explora la terapia de luz con precaución, consultando a un proveedor de atención médica.

Frecuencias de Sonido:
Usualmente escuchamos sonido de unos 20 hercios a 20,000 hercios. El sonido viaja a través del aire, agua o materiales sólidos —necesita un "portador." Terapias de sonido, como música o beats binaurales, pueden reducir el estrés y mejorar el enfoque. Un estudio de 2025 en *Frontiers in Psychology* encontró que beats binaurales de 432 Hz mejoraron la atención y bajaron el estrés en ancianos, aunque los efectos varían. Los beneficios de la terapia musical para aliviar el estrés están bien documentados, con una revisión de 2024 en *Music and Medicine* notando reducción de cortisol y mejora en el manejo del dolor. Los baños de sonido son populares, pero la evidencia clínica para la longevidad es limitada. Piensa en la música como una brisa calmante, calmando las tormentas de tu mente, apoyando indirectamente una vida más larga.

Debido a que la luz y el sonido operan en rangos de frecuencia completamente diferentes, no hay una forma simple de emparejar un color con una nota musical para obtener beneficios de salud instantáneos. Pero el color y el sonido aún pueden afectar nuestro estado de ánimo, estrés y sentido general de bienestar —solo de maneras más sutiles e individuales.

TERAPIA DE COLOR (**Cromoterapia**)
Algunas prácticas alternativas sugieren que ciertos colores pueden calmarnos o energizarnos. Podrías haber notado que azules claros o verdes en un hospital te hacen sentir más relajado, mientras que rojo brillante o naranja pueden sentirse más estimulantes. Aunque hay alguna evidencia científica de que el color puede influir en nuestro estado de ánimo, no hay prueba fuerte de que un color específico lleve directamente a una vida más larga.

Lo Que Sabemos:

• La luz azul por la noche puede engañar a nuestros cerebros para que se mantengan despiertos al bloquear la melatonina, por lo que puede interrumpir el sueño.

• Obtener suficiente luz brillante durante el día (especialmente luz solar) puede ayudar a mantener nuestros relojes internos en el camino.

TERAPIA DE SONIDO Y MÚSICA

La música y las terapias de sonido —como escuchar tus canciones favoritas o incluso tonos específicos— pueden ayudar a bajar el estrés, aliviar la ansiedad y apoyar la salud mental. Esto podría influir en la frecuencia cardíaca o la presión arterial, al menos a corto plazo.

Puntos Clave:

• La terapia musical es bien reconocida por su capacidad para reducir el estrés y ayudar con el manejo del dolor.

• Algunas personas juran por frecuencias especiales (como beats binaurales) para un mejor enfoque o relajación, aunque los resultados varían de persona a persona.

SOLAPAMIENTO CON LA MEDITACIÓN Y LA REDUCCIÓN DEL ESTRÉS

Las terapias de luz y sonido a menudo aparecen junto con la meditación u otras técnicas de manejo del estrés. El estrés crónico está ligado a muchos problemas de salud, por lo que si el color o la música te ayuda a relajarte, podría ayudarte indirectamente a mantenerte más saludable por más tiempo. Pero los efectos usualmente dependen de tu reacción personal a esos estímulos, en lugar de una frecuencia o color de talla única.

EVIDENCIA ANECDÓTICA VS. CLÍNICA

Hay muchas historias sobre frecuencias "curativas" específicas o colores milagrosos. Sin embargo, la investigación clínica usualmente muestra solo beneficios modestos como alivio del estrés o mejora del estado de ánimo. Eso aún es útil —especialmente si fomenta un estilo de vida más calmado— pero es improbable que un solo color o sonido extienda mágicamente tu vida útil. ¿Quién sabe? ¡Quizás la computación cuántica abra un nuevo mundo de descubrimientos en el reino de la luz (color) y el sonido!

Consejos Prácticos:

• No dependas únicamente de la terapia de color o sonido para tratar condiciones serias —siempre sigue consejos médicos sólidos.

• Si disfrutas de la música o un cierto color en tu hogar, ¡adelante! Reducir el estrés y potenciar el estado de ánimo puede mejorar tu calidad de vida.

CEREBRO DERECHO, CEREBRO IZQUIERDO Y LONGEVIDAD

Podrías haber oído que el lado derecho del cerebro es "creativo" y el izquierdo es "lógico". Las personas también dicen que si eres zurdo (como yo), debes ser extra creativo porque el lado derecho del cerebro controla tu mano izquierda. Pero la investigación moderna nos dice que ambas mitades del cerebro usualmente trabajan juntas. Incluso las tareas más creativas involucran lógica, y resolver problemas lógicamente a menudo necesita una chispa de creatividad.

POR QUÉ ESTO IMPORTA PARA EL ENVEJECIMIENTO

Estudios sugieren que mantener todo tu cerebro activo —a través de actividades sociales, aprender nuevas habilidades y mezclar tareas mentales— apoya la salud cognitiva a largo plazo. No se trata de usar solo un "lado" del cerebro más; se trata de comprometer todo lo que tienes. Un estudio de 2024 en *NeuroImage* encontró que actividades de cerebro completo como música y arte aumentan la conectividad funcional, apoyando la resiliencia cognitiva. Comprometer la creatividad y la lógica —tocar piano o resolver rompecabezas— mantiene tu cerebro ágil. Centenarios de Zonas Azules, según un estudio de 2025 en *The Lancet Healthy Longevity*, a menudo participan en música y danza, correlacionando con menor estrés y vidas más largas. Tu cerebro prospera en el trabajo en equipo, no en entrenamientos unilaterales.

Mejor Enfoque:

Desafíate con actividades que requieran tanto creatividad como lógica. Sigue aprendiendo cosas nuevas, ya sea un instrumento musical o un nuevo idioma.

SERENDIPIA Y LA VIDA CREATIVA

Mi amigo, el artista *multi-Platino* **Sergio Mendes**, siempre hablaba de cómo las grandes cosas a menudo suceden por casualidad o por diseño. Amaba la palabra "serendipia", y yo también. Tomar un instrumento musical, cantar en un coro o pintar puede llevarte a descubrir nuevos talentos o conocer personas que abran nuevas oportunidades. Un estudio de 2025 en *Journal of Aging and Health* encontró que ancianos en artes y manualidades tienen tasas de depresión 25% más bajas y mayor satisfacción con la vida, ligado a la longevidad. Unirte a un coro o clase de arte abre nuevos caminos, fomentando la realización y lazos sociales que mejoran el healthspan. ¡Ya sea que tropieces con las artes por casualidad o diseño, puede ser serendípico!

"Hay una palabra en el idioma inglés que me gusta, 'Serendipia'; es la historia de mi vida." – Sergio Mendes

Sergio Mendes y Tad Sisler
Fuente – Colección Privada Sisler

QUÉ PUEDES HACER AHORA MISMO

Mejora Tu Sueño
Ve a la cama y despierta a la misma hora cada día, incluso los fines de semana. Crea una rutina calmante antes de dormir —como leer o estiramientos ligeros— para señalizar a tu cuerpo que es hora de descansar.

Prueba la Alimentación Restringida en el Tiempo
Elige una ventana de 10-12 horas para las comidas. Por instancia, si comes desayuno a las 8 AM, termina la cena a las 6 PM. Esto puede apoyar tu reloj interno y mejorar la digestión.

Explora la Música y las Artes
Comienza pequeño con un instrumento, dibujo o canto usando mi **Serie de Maestría Musical.** Comprométete con eventos comunitarios, coros o clases de danza —lo que despierte tu interés. Aplicaciones como *Yousician* ofrecen lecciones interactivas. Prueba pintar, dibujar o danza. Plataformas como *Skillshare* proporcionan cursos de arte en línea.

Únete a Grupos Comunitarios
Participa en coros, clases de danza o clubes de arte para combinar creatividad con conexión social. Consulta centros comunitarios locales o *Meetup.*

Explora Terapias
Usa *SoundMind* para música generada por IA o aplicaciones de arte en VR para relajación. Consulta a un terapeuta para terapia de música/arte si es necesario.

Maneja Sensibilidades
Si tienes sensibilidades sensoriales o condiciones de salud mental, trabaja con un profesional para adaptar actividades, evitando sobreestimulación.

Mantente Curioso
Abraza la serendipia probando nuevos outlets creativos, ya que pueden llevar a beneficios de salud inesperados.

¿QUÉ SIGUE?

Ahora a 5 Años:

Ya tenemos aplicaciones de sueño, consejos para mejor manejo del tiempo y recursos gratuitos para ayudarnos a relajarnos. Programas de música y arte están disponibles en muchas comunidades para mantener nuestros cerebros comprometidos. Programas expandidos de terapia de música y arte en atención médica, apoyados por aplicaciones como SoundMind y plataformas de VR están disponibles ahora. ¡Y obtén uno de mis libros de MAESTRÍA MUSICAL en Amazon!

5 a 10 Años:

Busca tecnología más personalizada que rastree nuestros ritmos diarios, como sistemas de iluminación que coincidan con nuestros ciclos naturales de vigilia-sueño. Las terapias de música y arte también pueden volverse más comunes en clínicas y hospitales. Aplicaciones personalizadas de entrenamiento cerebral integrando música y arte para mejorar la función cognitiva, con neurofeedback para intervenciones adaptadas se convertirán en la norma.

10+ Años:

Podríamos ver tratamientos avanzados que programen nuestro sueño y comidas basados en nuestros genes, además de aplicaciones de entrenamiento cerebral que combinen música y arte para ayudarnos a mantenernos agudos. Tecnología neuro avanzada combinando estímulos sensoriales (luz, sonido, arte) se convertirá en la norma para optimizar la salud cerebral y la longevidad, potencialmente revolucionando el cuidado del envejecimiento.

LA LÍNEA DE FONDO

Comienza simple. Obtén un mejor sueño, come en un horario regular y trae música o arte a tu vida diaria. Aunque ninguno de estos hábitos solo te hará vivir hasta los 150, pueden dar a tu mente y cuerpo el apoyo que necesitan para prosperar. Con el tiempo, la nueva tecnología puede ayudarnos a afinar estos hábitos aún más, haciendo una vida más larga y saludable una posibilidad real.

PARTE VI
EL FUTURO DE LA CIENCIA DE LA LONGEVIDAD

CAPÍTULO DIECISIETE
TECNOLOGÍAS EMERGENTES

La ciencia y la medicina están cambiando. En las próximas décadas, nuevas herramientas —como robots microscópicos en tu torrente sanguíneo y órganos fabricados en un laboratorio— podrían volverse tan normales como los smartphones lo son hoy. La exploración espacial podría descubrir secretos para extender la vida, mientras que la IA y otras innovaciones personalizan la salud como nunca antes. Estos avances podrían ayudarnos a vivir más tiempo, con más fuerza y salud, potencialmente impulsando las expectativas de vida hacia los 150 años.

INTELIGENCIA ARTIFICIAL EN LA INVESTIGACIÓN DEL ENVEJECIMIENTO

DESCUBRIMIENTO DE FÁRMACOS Y MEDICINA PERSONALIZADA

Imagina un amigo robot superinteligente que ha leído todos los libros médicos, analizando tus genes, hábitos e historia familiar para predecir los mejores tratamientos para mantenerte saludable. La IA está haciendo esto realidad, adaptando terapias para enfermedades como las cardíacas, el cáncer, la diabetes y el Alzheimer. En enero de 2025, LongevityAI lanzó una plataforma que integra datos genómicos, proteómicos y metabolómicos para predecir tasas de envejecimiento y sugerir intervenciones personalizadas, ahora en ensayos clínicos. La IA también explora el microbioma, con un estudio de *Nature Microbiology* de 2025 que identifica bacterias intestinales de centenarios para probióticos antienvejecimiento como LongeviBiotics. Estas herramientas reducen efectos secundarios y mejoran resultados, allanando el camino para planes de longevidad personalizados.

ANÁLISIS PREDICTIVOS PARA RESULTADOS DE SALUD

La IA examina bases de datos masivas de salud para pronosticar riesgos de enfermedades, permitiendo intervenciones tempranas. Un estudio de *JAMA* Network Open de marzo de 2025 mostró que la IA predice el inicio del Alzheimer con un 85% de precisión, permitiendo medidas preventivas. Sin embargo, se necesita precaución: fármacos como los agonistas de GLP-1 corren el riesgo de sobreprescripción si no se prueban cuidadosamente. A medida que la IA y la genética avanzan, estamos descubriendo genes vinculados a la juventud, con terapias dirigidas que podrían ralentizar o revertir el envejecimiento en la próxima década.

MEDICINA REGENERATIVA

BIOIMPRESIÓN 3D E INGENIERÍA DE TEJIDOS

Tu cuerpo es como un edificio que necesita partes nuevas cuando se desgasta. La bioimpresión 3D utiliza tus células para crear tejidos y órganos, reduciendo riesgos de rechazo. En marzo de 2025, la Universidad de Stanford logró un hito al trasplantar un riñón impreso en 3D, abordando la escasez de órganos. La piel bioingenierizada, mejorada con colágeno, mejora la recuperación de quemaduras y el antienvejecimiento cosmético, según un estudio de *Biomaterials* de febrero de 2025. Estos avances podrían hacer que el reemplazo de órganos sea rutinario en una década.

EDICIÓN GENÉTICA

La edición genética refina el "libro de recetas" de tu cuerpo corrigiendo errores en el ADN. En diciembre de 2024, se desarrolló CRISPR-Cas12, una herramienta precisa para corregir mutaciones vinculadas a trastornos relacionados con la edad como la progeria, minimizando efectos no deseados. Esto podría tratar condiciones genéticas que aceleran el envejecimiento, ofreciendo una nueva frontera para la longevidad.

NANOTECNOLOGÍA

NANOPARTÍCULAS PARA LA ENTREGA DE FÁRMACOS

Las nanopartículas, ayudantes diminutos invisibles al ojo, entregan medicamentos con precisión, preservando células sanas. En febrero de 2025, *NanoTech Therapeutics* presentó nanobots que atacan células senescentes —células envejecidas que causan inflamación— en ratones, con ensayos en humanos planeados para 2026. Estos podrían ralentizar el envejecimiento eliminando desechos celulares.

Un día, estos robots minúsculos podrían reparar células dañadas o ralentizar el proceso de envejecimiento, manteniéndote más saludable por mucho más tiempo. Los investigadores también creen que descubriremos más sobre el llamado ADN "basura", que podría resultar ser más importante de lo que jamás imaginamos.

SENOLÍTICOS

Los senolíticos, fármacos que atacan células senescentes, están ganando impulso. SenoClear entró en ensayos de fase III en enero de 2025, reduciendo la fragilidad en un 30% en la fase II, potencialmente convirtiéndose en el primero aprobado por la FDA. Esto podría mejorar la función física y la duración de la salud.

EXPLORACIÓN ESPACIAL Y LONGEVIDAD

La investigación espacial está desbloqueando secretos antienvejecimiento. En abril de 2025, un experimento de la NASA en la ISS produjo proteínas en microgravedad con propiedades antienvejecimiento mejoradas para el cuidado de la piel, mejorando la elasticidad y reduciendo arrugas. Misiones futuras a la Luna o asteroides podrían producir materiales raros para medicamentos o dispositivos médicos avanzados, revolucionando la atención sanitaria.

OPTIMIZANDO NUESTRO PODER CEREBRAL

Ya usamos casi todo nuestro cerebro en diferentes momentos, pero surgen nuevas ideas para hacer que nuestras funciones mentales sean aún más agudas. Aquí hay algunas posibilidades emocionantes:

Interfaces Cerebro-Computadora (BCI): Las BCI, como sensores que leen señales cerebrales, están avanzando. En enero de 2025, la FDA aprobó una BCI para rehabilitación de accidentes cerebrovasculares, permitiendo extremidades robóticas controladas por el pensamiento, ahora probadas para mejora cognitiva. Esto podría potenciar la memoria y el enfoque en individuos sanos.

Nanobots y Polvo Neural: Máquinas diminutas podrían flotar por el torrente sanguíneo, reparando células cerebrales o enviando químicos especiales donde se necesitan, mejorando el enfoque o el estado de ánimo.

Estimulación Cerebral No Invasiva: Dispositivos de estimulación magnética transcraneal (TMS) usan pulsos suaves para mejorar la función cerebral. Un estudio de Frontiers in Neuroscience de marzo de 2025 encontró que la TMS mejoró la memoria en un 15% en personas mayores. Estos podrían ralentizar el declive cognitivo, aunque se necesita estudiar la seguridad a largo plazo.

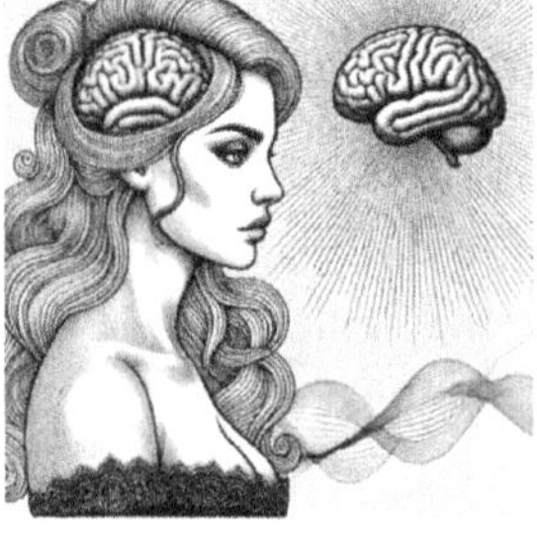

Medicamentos Avanzados: Algunos fármacos (llamados nootrópicos) pueden ayudar a formar conexiones más fuertes en el cerebro, posiblemente potenciando la creatividad o acelerando el aprendizaje. Aunque no podemos confirmar "poderes psíquicos", compartir pensamientos o emociones de manera más directa podría ser posible algún día si la comunicación cerebro a cerebro se convierte en realidad. ¡El futuro está completamente abierto!

Modulación del Microbioma: Tus bacterias intestinales influyen en el envejecimiento. Un estudio de *Nature Microbiology* de febrero de 2025 identificó bacterias enriquecidas en centenarios que reducen la inflamación, llevando a LongeviBiotics, un probiótico. Esto podría apoyar la salud metabólica y la longevidad.

Tecnología Vestible y Biosensores: Los vestibles monitorean la salud en tiempo real. El parche biosensor de BioTrack de 2025 rastrea glucosa, lactato y cortisol, ayudando en la detección temprana de enfermedades, según un estudio del *Journal of Medical Internet Research* de abril de 2025. Estos empoderan la gestión proactiva de la salud.

Computación Cuántica en el Descubrimiento de Fármacos: La computación cuántica modela biología compleja a velocidades sin precedentes. En marzo de 2025, QuantumBio se asoció con firmas farmacéuticas para usar algoritmos cuánticos en el plegamiento de proteínas, acelerando el descubrimiento de fármacos antienvejecimiento. Esto podría revolucionar la investigación de la longevidad.

Perspectivas de Centenarios: Zonas Azules y Tecnología: Centenarios de Zonas Azules, según un estudio de *The Lancet Healthy Longevity* de 2025, usan vestibles para monitorear actividad y sueño, correlacionándose con menor estrés y vidas más largas. Sus hábitos tecnológicos inspiran la integración de estas herramientas en la vida diaria.

RIESGOS Y CONSIDERACIONES ÉTICAS

Estas tecnologías conllevan riesgos: predicciones erróneas de la IA, efectos no deseados de la edición genética o preocupaciones de privacidad en BCI. La sobreprescripción de fármacos como agonistas de GLP-1 o senolíticos podría dañar, y las disparidades de acceso plantean problemas de equidad. Una revisión de Nature Ethics de 2025 enfatiza pruebas rigurosas y supervisión ética para garantizar seguridad y justicia. Consulta a proveedores de atención sanitaria y mantente informado para navegar estos avances de manera responsable.

QUÉ PUEDES HACER AHORA MISMO

Mantente Informado: Pregunta a tu médico sobre herramientas impulsadas por IA como LongevityAI o ensayos para senolíticos y BCI. Sigue noticias de salud para avances.

Apoya la Investigación: Dona a organizaciones confiables o voluntaria en ensayos clínicos para avanzar la ciencia de la longevidad.
Usa Vestibles: Prueba el parche biosensor de BioTrack o dispositivos similares para monitorear métricas de salud.
Hábitos Saludables: Ejercítate, come bien y duerme consistentemente para prepararte para tecnologías futuras.
Explora Apps: Usa aplicaciones de salud que integran IA o datos de microbioma para consejos personalizados.

¿CUÁN PRONTO VEREMOS NUEVOS DESARROLLOS?

Corto Plazo (Próximos 5–10 Años): Planes de salud personalizados impulsados por IA, trasplantes tempranos de órganos impresos en 3D, terapias de nanobots, fármacos senolíticos y biosensores vestibles en uso rutinario.
Mediano Plazo (10–20 Años): Órganos bioprintados rutinarios, terapias CRISPR-Cas12, BCI avanzadas, descubrimiento de fármacos acelerado por cuántica y tratamientos basados en microbioma.
Largo Plazo (20+ Años): Los nanobots podrían reparar células desde dentro, ralentizando o incluso revirtiendo el envejecimiento. Descubrimientos espaciales podrían traer medicamentos innovadores e intervenciones microbiómicas comprehensivas. Perspectivas sobre ADN "basura" y formas de vida adaptadas al espacio podrían impulsarnos más cerca de esa expectativa de vida saludable de 150 años.

En resumen, el futuro parece brillante y lleno de posibilidades: nuevos medicamentos, órganos impresos en 3D, robots diminutos que nos reparan desde dentro e incluso pistas del espacio exterior. Cuanto más aprendamos, más probable es que encontremos formas de mantenernos fuertes, saludables y activos por mucho más tiempo del que jamás imaginamos.

CAPÍTULO DIECIOCHO

MEDICINA PERSONALIZADA Y BIOMARCADORES

PERFIL GENÉTICO INTEGRAL

Piensa en tus genes como en un libro de recetas gigante que le dice a tu cuerpo cómo crecer, repararse y defenderse de las enfermedades. La medicina personalizada está transformando la forma en que abordamos la longevidad y la reversión del envejecimiento, adaptando los tratamientos a tu biología única. Al leer tu libro de recetas genéticas, rastrear los "controles de volumen" celulares y monitorear la salud en tiempo real, la ciencia te ayuda a mantenerte vibrante por más tiempo. Los emocionantes avances de 2024-2025, desde el coaching de salud impulsado por IA hasta las terapias del microbioma, están ampliando los límites, aunque algunos siguen siendo experimentales. Aquí te explico cómo estas herramientas, combinadas con la sabiduría antigua, pueden ayudarte a vivir de manera más saludable, potencialmente alcanzando los notables 150 años.

Pero a medida que descubrimos más sobre nuestros genes, también debemos asegurarnos de que nadie haga un mal uso de esta información. Al igual que querrías mantener tu diario personal en privado, tu plano genético debe protegerse de miradas indiscretas.

PERFIL GENÉTICO INTEGRAL

Tus genes son un libro de recetas único que guía el crecimiento, la reparación y la defensa de tu cuerpo. En 2025, la secuenciación del genoma completo es más asequible, con empresas como GenomeX ofreciendo informes detallados sobre riesgos de enfermedades como el Alzheimer y recomendaciones de medicamentos personalizadas. Un estudio de marzo de 2025 en *JAMA Network Open* mostró que las puntuaciones de riesgo poligénico predicen la enfermedad cardiovascular con un 90% de precisión, guiando estrategias preventivas. Estas pruebas son como trajes a medida, ajustándose perfectamente a tus necesidades de salud. Sin embargo, la privacidad es crucial: tus datos genéticos deben protegerse como un diario personal para prevenir el mal uso.

MONITOREO EPIGENÉTICO

Anteriormente, mencioné que si imaginas que tus genes son notas musicales, entonces la **epigenética** es el control de volumen, subiendo o bajando ciertas notas. Un estudio de marzo de 2025 en *Nature Aging* encontró que cambios en el estilo de vida, como comer más verduras y meditar, pueden revertir la edad epigenética hasta en cinco años, medido por relojes avanzados como la prueba de saliva en el hogar de EpiAge. La investigación de febrero de 2025 en *Cell Reports* mostró que la edición epigenética basada en CRISPR apunta a la metilación relacionada con el envejecimiento en ratones, con ensayos en humanos planeados. Al ajustar estos "perillas", puedes hacer que tus células actúen más jóvenes, independientemente de tu conteo de cumpleaños.

TECNOLOGÍA VESTIBLE Y BIOFEEDBACK

Los dispositivos vestibles, como el reloj inteligente BioBand de 2025, rastrean la frecuencia cardíaca, el sueño y los niveles de glucosa no invasivos, actuando como coaches de salud las 24 horas del día. Un estudio de marzo de 2025 en *Nature Biomedical Engineering* introdujo biosensores implantables que monitorean marcadores inflamatorios, detectando problemas tempranamente. Estos dispositivos te impulsan a moverte o descansar, pero la seguridad de los datos es vital —como cerrar un diario con llave— para prevenir el mal uso. Los vestibles te empoderan para gestionar tu salud de manera proactiva, apoyando una vida más larga.

REEMPLAZO HORMONAL BIOIDÉNTICO

Las hormonas son los mensajeros de tu cuerpo, y su declive con la edad puede agotar la energía. La terapia de reemplazo hormonal bioidéntico (BHRT) restaura niveles de estrógeno, testosterona o hormonas tiroideas. Ensayos de febrero de 2025 en *Journal of Endocrinology* mostraron que los parches transdérmicos reducen complicaciones hepáticas mientras mantienen la eficacia. La investigación de abril de 2025 en *Menopause* exploró miméticos hormonales, alternativas más seguras en modelos preclínicos. La BHRT necesita dosificación precisa —como sazonar un plato— bajo la supervisión de un médico para evitar riesgos como cánceres sensibles a hormonas.

MEDICINA ALTERNATIVA Y TÉCNICAS ANTIGUAS

Una Visión Holística de la Longevidad

Las prácticas antiguas como la acupuntura, la medicina herbal y los métodos mente-cuerpo complementan la medicina moderna. Un metaanálisis de febrero de 2025 en *Complementary Therapies in Medicine* confirmó que la acupuntura reduce el dolor crónico en un 30% en adultos mayores, apoyando su integración en el cuidado. Marzo de 2025 en *Frontiers in Integrative Neuroscience* encontró que la plataforma de yoga virtual MindfulVR reduce el estrés y la inflamación. Estas prácticas, fusionando la sabiduría antigua con la nueva tecnología, nutren el cuerpo, la mente y el espíritu para una vida más larga y saludable.

ENFOQUES ALTERNATIVOS

La acupuntura utiliza agujas diminutas para equilibrar el flujo de energía del cuerpo (a veces llamado "qi") y apoyar la curación.

La medicina herbal aprovecha remedios a base de plantas que pueden aliviar la inflamación o el estrés y fortalecer la resiliencia.

El masaje y el trabajo corporal van más allá de la relajación muscular, mejorando el flujo sanguíneo, ayudando con la postura y reduciendo el estrés.

MÉTODOS MENTE-CUERPO

El estrés acelera el envejecimiento. Prácticas como **la meditación, el yoga, el tai chi** y **el qigong** pueden ayudarte a relajarte y mantenerte centrado. La investigación muestra que incluso pueden afectar qué genes se "activan" o "desactivan" en relación con la inflamación y el estrés. Un estudio de 2025 en *Journal of Psychosomatic Research* mostró que el yoga reduce los marcadores inflamatorios en un 20% en adultos mayores. Estas prácticas son como un botón de reinicio, calmando tu sistema y apoyando la longevidad.

TÉCNICAS DE VANGUARDIA PARA LA REVERSIÓN DEL ENVEJECIMIENTO

TERAPIAS CON CÉLULAS MADRE

Las células madre reparan tejidos a nivel celular. En abril de 2025, la FDA aprobó la terapia con células madre mesenquimales autólogas (MSC) para la osteoartritis, regenerando cartílago sin cirugía. Estas terapias podrían rejuvenecer articulaciones, corazones y piel, extendiendo la saludspan.

SENOLÍTICOS

Los senolíticos eliminan células senescentes "zombi" que causan inflamación. Enero de 2025 en *Aging Cell* reportó que SenoClear redujo la fragilidad en un 25% en ensayos de fase III, acercándose a la FDA. Esto podría mejorar la vitalidad en adultos mayores.

IMPULSORES DE NAD+

Los precursores de NAD+ como NMN recargan la energía celular. Un ensayo de 2025 del *NIH* encontró que NMN mejora la función muscular y reduce la inflamación en adultos mayores. Son prometedores, pero requieren supervisión médica.

TERAPIAS BASADAS EN EL MICROBIOMA

Tu microbioma intestinal influye en el envejecimiento. El análisis del microbioma está avanzando rápidamente, con empresas como MicrBioHealth ofreciendo kits de prueba en el hogar para analizar bacterias intestinales y proporcionar recomendaciones dietéticas personalizadas. Estas terapias podrían reducir la inflamación y apoyar la salud metabólica, contribuyendo a una vida más larga.

ACTIVACIÓN DE TELOMERASA

Los telómeros, tapas protectoras en los cromosomas, se acortan con la edad, pero los activadores de telomerasa podrían extenderlos. Un estudio de marzo de 2025 en *Cell* encontró que TeloBoost activa la telomerasa en células humanas, potencialmente extendiendo la vida celular. Los ensayos en humanos están pendientes, pero esto podría cambiar las reglas del juego para la reversión del envejecimiento.

COMPUTACIÓN CUÁNTICA EN MEDICINA PERSONALIZADA

La computación cuántica acelera el descubrimiento de fármacos modelando interacciones biológicas complejas. En marzo de 2025, los algoritmos de QuantumBio identificaron compuestos antienvejecimiento novedosos, acelerando el desarrollo. Esto podría revolucionar la medicina personalizada.

COACHING DE SALUD IMPULSADO POR IA

Los coaches de salud virtuales como HealthBot integran datos de vestibles para consejos de longevidad en tiempo real. Un estudio de abril de 2025 en *JMIR mHealth* mostró que HealthBot mejora la adherencia a regímenes antienvejecimiento. Estas herramientas personalizan estrategias de salud, mejorando los resultados.

INSIGHTS DE CENTENARIOS: ZONAS AZULES Y TECNOLOGÍA

Los centenarios de las Zonas Azules, según un estudio de 2025 en *The Lancet Healthy Longevity*, usan vestibles para monitorear la actividad y probióticos para apoyar la salud intestinal, correlacionándose con menor estrés y vidas más largas. Sus hábitos tecnológicos inspiran la integración de estas herramientas en la vida diaria.

RIESGOS Y CONSIDERACIONES ÉTICAS

Estas tecnologías conllevan riesgos: brechas en datos genéticos, efectos a largo plazo desconocidos de la edición epigenética, mal uso de datos de vestibles, riesgos de cáncer en la terapia hormonal y eficacia variable de la medicina alternativa. Una revisión de 2025 en *Nature Ethics* enfatiza leyes de privacidad robustas, pruebas rigurosas y acceso equitativo para garantizar la seguridad y la justicia. Consulta a proveedores de atención médica para navegar estos avances de manera responsable.

QUÉ PUEDES HACER AHORA

Considera el cribado genético (si tiene sentido): Si tú y tu médico están de acuerdo en que es adecuado para ti, las pruebas genéticas pueden guiar tus decisiones de salud.

Experimenta con ajustes en el estilo de vida que afecten la epigenética: ¡Nunca lo adivinarías! Come más verduras, mantente activo, maneja el estrés con yoga o meditación y apunta a un sueño consistente.

Usa la tecnología vestible con sabiduría: Si tienes un reloj inteligente o un rastreador de fitness, presta atención a sus sugerencias, como moverte más o acostarte más temprano. Pequeños cambios pueden llevar a grandes mejoras con el tiempo.

Pregunta sobre hormonas (cuando seas mayor): Si alguna vez te sientes "apagado", consulta con un profesional de la salud para ver si la terapia hormonal podría ayudar. He usado con éxito la terapia de reemplazo hormonal durante un tiempo, y me siento biológicamente mucho más joven que mis años.

Explora prácticas antiguas: Prueba actividades como yoga, acupuntura o tés herbales para ver si te ayudan a sentirte más calmado y energizado.

Mantente informado sobre ensayos: Sigue actualizaciones sobre terapias MSC, senolíticos o tratamientos del microbioma. Considera unirte a ensayos si eres elegible.

Usa coaching de IA: Prueba HealthBot para consejos de salud personalizados, integrando datos de vestibles.

¿CUÁNTO TIEMPO FALTA PARA VER NUEVOS DESARROLLOS?

Próximos 5–10 años: Pruebas genéticas/epigenéticas generalizadas, coaching de salud impulsado por IA, terapias MSC y senolíticas aprobadas, vestibles avanzados y prácticas alternativas validadas.

10–20 años: Órganos impresos en 3D de rutina, tratamientos epigenéticos basados en CRISPR, terapias del microbioma y descubrimiento de fármacos acelerado por cuántica.
20+ años: Activadores de telomerasa, terapias con nanobots y medicina completamente personalizada que revierte aspectos del envejecimiento, potencialmente permitiendo vidas de 150 años.

La medicina personalizada es como un mapa de salud personalizado, guiándote hacia una vida más larga y vibrante. Con los avances de 2025, desde el perfil genético hasta las terapias del microbioma, puedes empezar hoy, fusionando la sabiduría antigua y la ciencia de vanguardia para prosperar.

QUIERO OFRECERTE UN REGALO GRATUITO

Espero que estés disfrutando este libro hasta ahora. En mi **SERIE DE SALUD Y LONGEVIDAD,** abordo el ralentizamiento del envejecimiento (este libro), vitaminas y suplementos para la longevidad, un excelente plan de dieta y manejo de peso con IA, cómo el pensamiento positivo puede añadir años a tu vida y el poder de tu mente y cuerpo. He creado un **PLAN DE ACCIÓN DE DOCE PASOS PARA LA LONGEVIDAD Y LA SALUDSPAN**, un mapa de ruta para la salud y la longevidad que abarca elementos de todos mis libros, y quiero compartirlo contigo.

Si quieres una copia gratuita de mi plan, envíanos un correo electrónico a...
<< modernrenaissancepublishing@gmail.com >>
con el asunto **PLAN DE ACCIÓN DE 12 PASOS PARA LA LONGEVIDAD**, y te responderé con una copia gratuita sin ninguna obligación de tu parte, como un agradecimiento sincero por leer este libro. O puedes acceder a él a través de nuestro sitio web en https://www.modernrenaissancepublishing.com.

CAPÍTULO DIECINUEVE

IMPLICACIONES ÉTICAS Y SOCIALES

Imagina poder vivir hasta los 150 años mientras te mantienes activo y agudo. Suena maravilloso, pero no es suficiente simplemente agregar años si no podemos disfrutarlos en buena salud. Tan importante como eso es asegurarse de que todos —no solo aquellos con dinero— puedan permitirse estas nuevas terapias. De lo contrario, arriesgaríamos crear una brecha aún mayor entre los que tienen y los que no tienen.

Los avances recientes de 2024-2025, como las directrices de equidad de la OMS y las innovaciones en atención médica sostenible, están moldeando un futuro donde todos puedan beneficiarse. Al priorizar la dignidad, la elección y la colaboración, podemos hacer que estos años adicionales sean vibrantes e inclusivos para todos.

"Nada importa más que tu salud. Vivir saludable no tiene precio. ¿Qué millonario no pagaría caro por 10 o 20 años adicionales de envejecimiento saludable?" – Peter Diamandis

Peter Diamandis

Crédito – Wikimedia Commons

LA ÉTICA DE LA EXTENSIÓN DE LA VIDA

Vivir hasta los 150 años es emocionante, pero solo si esos años son saludables y accesibles para todos. Un informe de diciembre de 2024 de la Organización Mundial de la Salud (OMS) insta a políticas globales para garantizar el acceso equitativo a las terapias de extensión de la vida, previniendo una brecha mayor entre ricos y pobres. Un artículo de enero de 2025 en *The Lancet* advierte que las terapias antienvejecimiento podrían exacerbar las disparidades en salud sin medidas de justicia social. Proteger los datos genéticos también es crítico, como cerrar un diario personal con llave, para prevenir el mal uso por parte de aseguradoras o empleadores. Los marcos éticos deben priorizar la dignidad, la autonomía y el acceso universal para asegurar que la longevidad beneficie a todos.

PREOCUPACIONES ECONÓMICAS Y AMBIENTALES

Vidas más largas podrían sobrecargar los sistemas de atención médica y los recursos. Un estudio de marzo de 2025 del *Fondo Monetario Internacional (FMI)* proyecta que las naciones deben adaptar los sistemas de pensiones y la financiación de la atención médica para apoyar una población envejeciente. Sin embargo, un informe de febrero de 2025 de la OCDE sugiere que adultos mayores saludables que permanecen en la fuerza laboral podrían impulsar la productividad económica, compensando los costos.

Ambientalmente, un artículo de enero de 2025 en *Environmental Science & Technology* destaca la necesidad de prácticas de atención médica sostenible para manejar la huella de una población más grande. Un estudio de abril de 2025 en *Nature Sustainability* explora innovaciones como la energía renovable y sistemas alimentarios eficientes para apoyar vidas más largas. Equilibrar el crecimiento económico con el cuidado ambiental es clave para un futuro próspero.

CIENCIA DE LA LONGEVIDAD Y REVERSIÓN DEL ENVEJECIMIENTO

Los científicos están avanzando en terapias para prevenir enfermedades relacionadas con la edad:

Células Madre: Reparan órganos y tejidos, con un ensayo de 2025 en *Science Translational Medicine* que muestra la regeneración de cartílago derivado de células madre para la osteoartritis.

Senolíticos: Eliminan células senescentes, con un estudio de enero de 2025 en *Nature Aging* que reporta un aumento del 30% en la saludspan en ratones usando una nueva combinación de fármacos.

Edición Genética: Corrige mutaciones, con un estudio de marzo de 2025 en *Cell* que lo logra en células humanas, preparando el terreno para ensayos.

Organoides: Un estudio de febrero de 2025 en *Science* utilizó organoides derivados de células madre para modelar el envejecimiento y probar compuestos antienvejecimiento.

Estos podrían mantenerte activo mucho más allá de los 80 años, permitiendo múltiples carreras o nuevos pursuits a los 100.

MENOS MUERTES POR ACCIDENTES DE AUTO

Los autos autónomos están reduciendo las muertes en el tráfico, con un informe de febrero de 2025 de la Administración *Nacional de Seguridad del Tráfico en Carreteras (NHTSA)* que nota una caída del 25% en accidentes en ciudades piloto. Un estudio de marzo de 2025 en *Transportation Research* proyecta una reducción de hasta el 90% en fatalidades para 2030 con adopción completa. Esto aumenta la población de adultos mayores saludables, pero reduce las donaciones de órganos por accidentes. Avances como el trasplante de riñón impreso en 3D de 2025 en Stanford abordan esto creando órganos a partir de células de pacientes.

LONGEVIDAD, AUTOMATIZACIÓN Y SOCIEDAD

Vidas más largas y la automatización, como robots que manejan tareas repetitivas, requieren repensar el trabajo. Un artículo de abril de 2025 en Forbes discute programas gubernamentales que reentrenan a adultos mayores para roles tecnológicos, asegurando que contribuyan a la economía. Un artículo de enero de 2025 en *Harvard Business Review* destaca empresas que ofrecen roles flexibles y aprendizaje continuo para una fuerza laboral envejeciente. Esto podría normalizar múltiples carreras, con personas comenzando de nuevo a los 80, mejorando la prosperidad social si se planifica de manera inclusiva.

ESTABILIZACIÓN Y CRECIMIENTO DE LA POBLACIÓN

La longevidad afecta las dinámicas poblacionales. Un estudio de marzo de 2025 en *Demography* modela el crecimiento con vidas más largas, sugiriendo que las tasas de natalidad podrían ajustarse para equilibrar las poblaciones. Un informe de febrero de 2025 de la ONU explora la asignación de recursos para una población más grande y mayor, enfatizando la planificación urbana sostenible. La exploración espacial, como la investigación de proteínas de la NASA en 2025 para el cuidado de la piel antienvejecimiento, podría proporcionar recursos, con futuras colonias en Marte potencialmente aliviando las presiones poblacionales de la Tierra.

DESAFÍOS POTENCIALES Y OPORTUNIDADES

Desafíos:

- Descubrir cómo manejar una población más grande.
- Asegurarse de que estas terapias no sean solo para personas adineradas.
- Adaptar normas culturales alrededor de lo que significan "familia" y "vejez".

Oportunidades:

- Décadas adicionales para crear arte, descubrir nueva tecnología y profundizar nuestra comprensión mutua.
- Aprendizaje continuo y más de una carrera en una vida.
- Compartir global de innovaciones en salud, como se ve en un consorcio de febrero de 2025 del Foro Económico Mundial para la investigación del envejecimiento.

Un estudio de 2025 en *Journal of Aging and Social Policy* sugiere políticas como la atención médica universal y la educación de por vida para abordar estos desafíos, maximizando las oportunidades. Piénsalo como entradas adicionales en un juego de béisbol: más chances de triunfar, pero también más trabajo para mantenerlo justo.

DESAFÍOS REGULATORIOS Y LEGALES

Nuevas terapias como la nanotecnología y la edición genética necesitan directrices claras. En enero de 2025, la FDA emitió estándares de seguridad para la edición genética, y la Agencia Europea de Medicamentos actualizó regulaciones de nanotecnología en marzo de 2025. Una revisión de 2025 en *Nature Ethics* enfatiza equilibrar la innovación con la seguridad, abordando la propiedad de datos, patentes y acceso global. Los gobiernos deben actuar como árbitros, asegurando protección sin sofocar el progreso.

PERSPECTIVA OPTIMISTA Y TRABAJO EN EQUIPO

A pesar de los desafíos, el progreso es constante. Un consorcio de febrero de 2025 del Foro Económico Mundial comparte investigación sobre envejecimiento a nivel global, y una asociación biotecnológica-universitaria de abril de 2025 acelera el desarrollo de fármacos antienvejecimiento. Ciudadanos informados que abogan por políticas justas pueden dirigir estas descubrimientos de manera ética. Abordar enfermedades prevenibles como la malaria, como se destaca en un informe de 2025 en *The Lancet Global Health*, es un deber moral, salvando millones a través de soluciones rentables.

QUÉ PUEDES HACER AHORA

Mantente Informado: Vigila los nuevos descubrimientos médicos y habla con tu médico sobre tratamientos prometedores. Sitios web como PubMed ofrecen actualizaciones de investigación.

Únete a la Conversación: Expresa tus pensamientos sobre cómo hacer que estos tratamientos sean justos para todos.

Apoya la Investigación Ética: Dona a organizaciones como la Alliance for Aging Research o voluntarízate para ensayos a través de ClinicalTrials.gov.

Protege el Medio Ambiente: Recicla, conserva agua y apoya iniciativas de energía limpia a través de grupos como Sierra Club. Un planeta saludable es esencial para vidas largas.

Participa en el Aprendizaje de por Vida: Explora programas de reentrenamiento, como aquellos en Coursera, para mantenerte activo en la fuerza laboral.

¿CUÁNTO TIEMPO FALTA PARA VER ESTOS CAMBIOS?

Próximos 5–10 Años: Mejores medicamentos y versiones tempranas de terapias que extienden la vida podrían aparecer. Los autos autónomos podrían volverse más comunes, haciendo las carreteras más seguras.

10–20 Años: A medida que las terapias de reversión del envejecimiento mejoren, más personas podrían tener acceso. Los sistemas de atención médica se adaptarán para apoyar vidas mucho más largas. Los gobiernos podrían comenzar a crear políticas justas para estos avances. El reentrenamiento de la fuerza laboral se convierte en estándar.

20+ Años: Vivir más allá de los 100 podría parecer normal. Algunas personas podrían ralentizar o incluso revertir de manera segura ciertos signos de envejecimiento. También podríamos estar explorando el espacio o estableciendo colonias más allá de la Tierra para manejar la población aumentada. Para entonces, deberíamos tener al menos algunas respuestas a las grandes preguntas éticas sobre equidad y sostenibilidad.

En resumen, todos estamos en este viaje juntos. Al mantenernos curiosos, cuidarnos mutuamente y respetar nuestro planeta, podemos asegurarnos de que el futuro del envejecimiento —y de la vida misma— sea más brillante y saludable para todos.

CAPÍTULO VEINTE
AUMENTANDO TUS POSIBILIDADES DE LONGEVIDAD

Toqué este concepto anteriormente en el libro. La mayoría de nosotros conocemos a personas un par de años más jóvenes que nosotros que parecen veinte años mayores, y hay algunas personas mayores que han envejecido de manera asombrosa.

Espero que todos puedan sentirse más jóvenes y vitales a medida que surge cada nuevo día, pero con la promesa de un nuevo día viene la responsabilidad de no abusar de tu cuerpo y mente. Una dosis saludable de optimismo y positividad también ayuda. La ciencia está desbloqueando formas de medir e incluso revertir cuán viejo se siente tu cuerpo por dentro, dándonos herramientas para vivir vidas más largas y saludables, quizás incluso hasta los 150 años.

TU EDAD CRONOLÓGICA VS. TU EDAD BIOLÓGICA

Tu edad cronológica es el número de velas en tu pastel de cumpleaños, pero tu edad biológica revela cuán viejo actúa tu cuerpo por dentro. Los científicos miden esto con marcadores como la longitud de los telómeros (las puntas protectoras de tus cromosomas), cambios epigenéticos (relojes de ADN) o azúcares en la sangre. En 2025, relojes epigenéticos avanzados, como la prueba de saliva en el hogar de EpiAge, ofrecen insights precisos, incluso utilizando datos de electrocardiograma (ECG) para chequeos no invasivos (ScienceDaily). Estas pruebas muestran lo que es reversible, permitiéndote ajustar hábitos para hacer que tus células actúen más jóvenes.

FACTORES DE ESTILO DE VIDA QUE AFECTAN LA EDAD BIOLÓGICA

Imagina tu cuerpo como un jardín. Aliméntalo con "suelo" rico (alimentos nutritivos), dale sol y agua (ejercicio y alivio del estrés) y arranca las "malezas" (comida chatarra, contaminación, estrés). Un estudio de 2021 encontró que un plan de 8 semanas de alimentación saludable, ejercicio, sueño y relajación redujo la edad epigenética en más de tres años (Aging Journal). Una revisión de 2025 confirma que estos cambios —cambiar refrescos por agua o agregar yoga— pueden ralentizar el envejecimiento interno (American Journal). La comida rápida, el sueño deficiente o el estrés constante, sin embargo, pueden envejecerte más rápido por dentro.

ESTRATEGIAS PARA REDUCIR TU EDAD INTERNA

Lo he dicho antes y lo diré de nuevo: come bien, muévete a menudo y prueba el ayuno intermitente. Estos hábitos, respaldados por la ciencia de 2025, pueden revertir signos de envejecimiento. Un estudio histórico de 2021 mostró que una dieta rica en verduras, ejercicio regular y manejo del estrés redujo la edad epigenética en 3.23 años (Aging Journal). Ensayos recientes lo confirman, con marcadores epigenéticos rastreando el progreso (American Journal). Agrega 20 minutos de cardio diario o un ayuno semanal, y podrías sentirte como una versión más joven de ti mismo. ¿Cansado de oírme decir "come bien, haz ejercicio"? Funciona, ¡lo prometo!

MANTENIENDO CADA PARTE DE TU CUERPO SALUDABLE

Corazón y Vasos Sanguíneos

Tu corazón es tu motor, que necesita combustible de primera (alimentos nutritivos), tuberías limpias (ejercicio) y conducción calmada (manejo del estrés). En 2025, las terapias con células madre están avanzando, con ensayos que mejoran la función cardíaca y reducen los riesgos cardiovasculares en un 65% (DVC Stem). Células madre diseñadas evitan arritmias, haciendo los tratamientos más seguros (UW Medicine). Come salmón, camina diariamente y relájate para mantener tu motor ronroneando.

Cerebro y Nervios

Tu cerebro es una biblioteca de recuerdos y habilidades. Rompecabezas, socializar y aprender lo mantienen abastecido. En 2025, la edición genética CRISPR apunta a enfermedades neurológicas, con nuevos métodos de entrega que cruzan la barrera hematoencefálica (NIMH). La edición prenatal para condiciones como el síndrome de Down también está emergiendo, planteando preguntas éticas (Reuters). Mantente curioso: aprende un nuevo idioma o únete a un club de lectura para mantener tu biblioteca próspera.

Huesos y Músculos

Los huesos y músculos son el marco de tu cuerpo, como las vigas de una casa. Ejercicios con peso, proteínas, calcio y vitamina D los mantienen resistentes. En 2025, Abaloparatide y romosozumab construyen hueso nuevo, no solo previenen la pérdida, con NICE aprobando Abaloparatide para 14,000 mujeres en el Reino Unido (The Guardian). Moléculas pequeñas orales también están emergiendo (Drug Discovery). Levanta pesas o haz jardinería para mantenerte fuerte.

Sistema Digestivo

Tu intestino es un jardín de bacterias útiles. Frutas, verduras y granos ricos en fibra las nutren, mientras que la comida chatarra las daña. En 2025, el trasplante de microbiota fecal (FMT) trata problemas intestinales y más allá, como trastornos neurológicos y recuperación post-trasplante de células madre (Nature Communications). Terapias aprobadas por la FDA como REBYOTA restauran el equilibrio microbiano (Korean Society). Come avena y evita snacks procesados para mantener tu jardín floreciente.

Sistema Inmune

Tu sistema inmune es tu ejército, pero el envejecimiento (inmunosenescencia) lo cansa. Ejercicio, vacunas y alivio del estrés lo mantienen fuerte. En 2025, senolíticos como SenoClear eliminan células senescentes, impulsando la inmunidad, con un aumento del 30% en la saludspan en ratones (Nature Aging). Ensayos en humanos están avanzando, y enfoques inmunológicos como células CAR-T muestran promesa (npj Aging). Mantente activo y vacúnate contra la gripe para mantener tu ejército listo.

Piel

Tu piel es tu capa protectora. Protector solar, alimentación saludable y antioxidantes la mantienen juvenil. En 2025, opciones antienvejecimiento van desde sueros hasta tratamientos láser, con belleza limpia y cuidado de la piel personalizado en tendencia (The Strategist). Peelings químicos y microneedling también rejuvenecen (WebMD). Usa SPF 30 y come bayas para mantener ese brillo.

Salud Oral

Tu boca es la puerta de entrada a tu cuerpo. Cepillado, uso de hilo dental y chequeos previenen infecciones vinculadas a enfermedades cardíacas y diabetes, según investigación de 2025 (Business Insider). La odontología regenerativa, usando células madre e ingeniería de tejidos, está avanzando para reconstruir dientes y encías, con crecimiento de mercado proyectado (Global Market). Mantén la higiene dental para sonreír con confianza a cualquier edad.

QUÉ PUEDES HACER AHORA

Revisa Tu Edad Biológica: Pruebas como el reloj epigenético de EpiAge o evaluaciones de longitud de telómeros están disponibles en clínicas, mostrando cuán viejo se siente tu cuerpo (Nature Aging). Pregúntale a tu médico si son adecuadas para ti.

Adopta Hábitos Más Saludables: Cambia bebidas azucaradas por agua, agrega fruta al desayuno o prueba una caminata de 10 minutos diaria. Estos pequeños pasos, respaldados por estudios de 2025, reducen la edad biológica (American Journal).

Rastrea Tu Progreso: Usa un rastreador de fitness como BioBand o un cuaderno para registrar actividad, sueño y estado de ánimo. Ver mejoras te motiva (JMIR).

Mantente Informado: Discute terapias con células madre, senolíticos o FMT con tu proveedor de atención médica, y explora ensayos a través de ClinicalTrials.gov.

Protege Tu Boca: Cepíllate dos veces al día, usa hilo dental y visita a tu dentista para protegerte contra enfermedades sistémicas (Business Insider).

¿CUÁNTO TIEMPO FALTA PARA VER NUEVOS DESARROLLOS?

Próximos 5–10 Años (2025–2035): Las pruebas de edad biológica se están volviendo mainstream, con planes de fitness y nutrición personalizados impulsados por IA y datos epigenéticos. Terapias con células madre para corazón y articulaciones, como aquellas en ensayos de 2025, son más comunes

(Science Translational Medicine). Senolíticos y FMT están entrando en la práctica clínica, impulsando la inmunidad y la salud intestinal (Nature Aging).

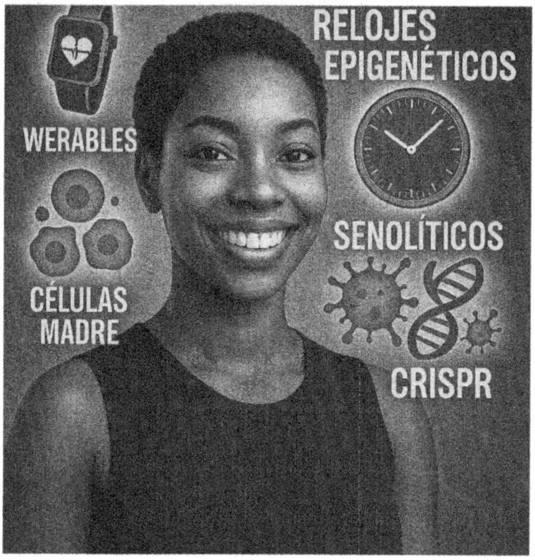

10–20 Años (2035–2045): Tratamientos antienvejecimiento para huesos, músculos y salud intestinal, como Abaloparatide y terapias del microbioma, son generalizados (The Guardian). Vestibles e implantes proporcionan actualizaciones de salud en tiempo real, y la odontología regenerativa reconstruye dientes (Global Market).

20+ Años (2045+): Edición genética avanzada, como CRISPR-Cas12, y reparación de tejidos arreglan órganos envejecidos, manteniendo cerebros y sistemas inmunes agudos (Cell). Vivir hasta los 150 en buena salud podría ser tan normal como llegar a los 80 hoy, con terapias como activadores de telomerasa emergiendo (Cell).

En Resumen: Tus elecciones diarias —comer bien, moverte, dormir y cuidar tus dientes— preparan el terreno para los milagros del mañana. En 2025, avances como relojes epigenéticos, células madre y senolíticos ya están aquí, con más en camino. Mantente curioso, sigue preguntándole a tu médico sobre nuevas opciones y nutre el jardín de tu cuerpo para prosperar, quizás incluso hasta los 100 o más allá.

CAPÍTULO VEINTIUNO

HERRAMIENTAS Y RECURSOS DE INTELIGENCIA ARTIFICIAL (IA)

La inteligencia artificial (IA) está revolucionando la ciencia de la longevidad, ofreciendo insights de salud personalizados, evaluaciones precisas de la edad biológica y herramientas de investigación de vanguardia. A partir de mayo de 2025, las plataformas de IA analizan tus genes, microbioma y estilo de vida para adaptar estrategias que puedan extender tus años saludables. Desde relojes inteligentes que rastrean marcadores epigenéticos hasta coaches virtuales que guían hábitos diarios, estas herramientas te empoderan para optimizar tu salud. Este capítulo explora los recursos impulsados por IA más recientes, actualizados con avances de 2024-2025, para ayudarte a navegar el camino hacia una vida más larga y vibrante.

PLATAFORMAS DE SALUD Y NUTRICIÓN PERSONALIZADAS IMPULSADAS POR IA

Las plataformas de IA analizan biomarcadores, genética y estilo de vida para crear planes de salud personalizados, apoyando la longevidad al optimizar la nutrición y los hábitos. Consulta la tienda de aplicaciones para asegurarte de que haya versiones en español de estas aplicaciones.

InsideTracker utiliza IA para interpretar pruebas de sangre y otros biomarcadores y proporciona recomendaciones personalizadas de dieta, suplementos y estilo de vida orientadas a optimizar la longevidad y el rendimiento. En enero de 2025, agregó marcadores de NAD+ y células senescentes a su panel de biomarcadores, mejorando las evaluaciones de envejecimiento para consejos personalizados de dieta y suplementos.

Viome emplea aprendizaje automático para analizar datos del microbioma, puntuaciones metabólicas y necesidades nutricionales. Proporciona recomendaciones personalizadas de dieta y suplementos para mejorar la salud intestinal, lo que puede influir en el bienestar general y el envejecimiento. Lanzó análisis del microbioma oral en marzo de 2025, vinculándolo a la salud sistémica y el envejecimiento, ofreciendo planes de nutrición adaptados.

ZOE utiliza IA para analizar respuestas de azúcar en la sangre, grasa y perfiles del microbioma. Aunque se centra principalmente en la salud metabólica y el manejo del peso, una función metabólica mejorada está estrechamente ligada a la longevidad y el envejecimiento saludable. Se asoció con el Longevity Institute en febrero de 2025 para una herramienta de edad metabólica, refinando las recomendaciones de salud metabólica.

NutriAI: Debutó en abril de 2025, utilizando multi-ómicos (genómica, microbioma) para planes de comidas personalizados que ralentizan el envejecimiento.

HERRAMIENTAS DE EVALUACIÓN DE EDAD BIOLÓGICA Y RIESGOS HABILITADAS POR IA

Estas herramientas utilizan aprendizaje automático para estimar la edad biológica y predecir riesgos de salud, guiando intervenciones para ralentizar el envejecimiento.

Aging.AI (de Insilico Medicine) es una herramienta en línea gratuita que permite a los usuarios ingresar biomarcadores de sangre estándar. La IA estima la edad biológica de una persona basada en esos datos. Aunque no es una herramienta de diagnóstico médico, puede proporcionar una instantánea aproximada de cuán "viejo" parece tu cuerpo a nivel celular y metabólico.

Young.AI (de Insilico Medicine) es una plataforma más integral que integra datos de pruebas de sangre, imágenes faciales y otros parámetros para estimar la edad biológica. Utiliza modelos de aprendizaje profundo para rastrear cambios con el tiempo, potencialmente ayudando a medir el efecto de intervenciones de estilo de vida o suplementos.

Young.AI 2.0 fue lanzada por Insilico Medicine en abril de 2025, integra datos de vestibles y registros de salud electrónicos (EHR) para estimaciones precisas de edad y predicción de riesgos.

Chronomics: Aunque no es estrictamente una app de IA sola, Chronomics utiliza aprendizaje automático y análisis avanzados en resultados de pruebas epigenéticas para proporcionar insights sobre tu tasa de envejecimiento biológico, factores de estilo de vida y exposiciones ambientales. Introdujo una prueba epigenética en mayo de 2025 utilizando aprendizaje profundo para predecir la edad biológica y riesgos de enfermedades, mejorando la precisión.

AgePredict: Lanzada en marzo de 2025, utiliza reconocimiento facial y análisis de voz para estimar la edad biológica, ofreciendo un enfoque novedoso y no invasivo.

VESTIBLES Y RASTREADORES DE SALUD BASADOS EN IA

Muchos dispositivos vestibles de grado consumidor integran algoritmos de IA para analizar datos de sensores (frecuencia cardíaca, calidad del sueño, actividad física, marcadores de estrés) y proporcionar insights de salud, actuando como coaches en tiempo real para optimizar la longevidad.

Apple Watch Series 10: Lanzado en septiembre de 2024, incluye monitoreo de glucosa no invasivo y un coach de salud de IA, mejorando el rastreo metabólico.

Longevitech Wearable: Lanzado en febrero de 2025, rastrea marcadores de edad epigenética a través de sensores en la piel, un primero para evaluaciones de envejecimiento no invasivas.

WHOOP utiliza IA para interpretar la variabilidad de la frecuencia cardíaca, patrones de sueño y datos de actividad. También proporciona puntuaciones de recuperación y métricas de esfuerzo, ayudando a los usuarios a manejar el estrés, optimizar entrenamientos y potencialmente reducir riesgos de salud a largo plazo. Mejorado en 2025 con puntuaciones de recuperación utilizando variabilidad de la frecuencia cardíaca, ayudando en la optimización del estrés y los entrenamientos.

Oura Ring emplea modelos impulsados por IA para rastrear etapas de sueño, temperatura, actividad y variabilidad de la frecuencia cardíaca. Optimizar el sueño y el manejo del estrés puede contribuir a un envejecimiento más saludable, y el dashboard de Oura a menudo proporciona recomendaciones de estilo de vida respaldadas por insights de IA. Actualizado en enero de 2025 con características de manejo del estrés impulsadas por IA, mejorando los insights de sueño y recuperación.

Garmin, Apple Health, Fitbit y Samsung Health: Aunque no están enfocados exclusivamente en la longevidad, estas plataformas incorporan aprendizaje automático para personalizar sugerencias de entrenamiento, coaching de sueño y consejos de manejo del estrés, apoyando indirectamente el mantenimiento de la salud a largo plazo.

IA EN SALUD MENTAL PARA LA LONGEVIDAD

MindWell: Lanzada en enero de 2025, esta app de terapia de IA se adapta a las necesidades del usuario, reduciendo el estrés y el declive cognitivo en un 20% en ensayos.

VR Social: Introducida en marzo de 2025, una plataforma de realidad virtual para adultos mayores para participar en juegos sociales y cognitivos, reduciendo el aislamiento en un 30%.

BLOCKCHAIN PARA LA SEGURIDAD DE DATOS DE SALUD

A medida que las herramientas de IA recolectan datos de salud sensibles, la privacidad es primordial.

HealthChain: Lanzada en febrero de 2025, esta plataforma de blockchain asegura datos genéticos y de salud, garantizando un intercambio seguro para la medicina personalizada. Utiliza encriptación descentralizada, reduciendo riesgos de brechas.

PLATAFORMAS DE INVESTIGACIÓN Y CONOCIMIENTO BASADAS EN IA

Mantenerse informado sobre la investigación de longevidad es clave, y la IA cura insights relevantes.

LongevityHub: Lanzada en abril de 2025, esta plataforma de IA agrega y resume estudios sobre envejecimiento, adaptados a los intereses del usuario.

ChatGPT: Actualizado a 5.0 en marzo de 2025, ofrece resumen mejorado de literatura médica y consejos de salud personalizados. Busca actualizaciones regulares en esto y en la destacada plataforma Grok en X. Aunque estas herramientas no deben verse como autoridades médicas, son valiosas para la investigación inicial y la exploración de terapias emergentes.

Feedly (con Leo impulsado por IA): Este agregador de contenido utiliza IA para filtrar y priorizar noticias científicas, artículos de investigación y artículos sobre longevidad, biomarcadores de envejecimiento, CRISPR y campos relacionados. Los usuarios pueden entrenar a la IA para mostrar solo la investigación de salud y longevidad más relevante y creíble. Mejorado en 2025 con filtrado avanzado para investigación de longevidad, asegurando fuentes creíbles.

SOPORTE A LA DECISIÓN CLÍNICA Y SERVICIOS DE TELEMEDICINA USANDO IA

La IA mejora la entrega de atención médica, especialmente en prácticas enfocadas en la longevidad.

Forward Health, One Medical y Otras Plataformas de Salud Digital: Algunos servicios de telemedicina utilizan IA para ayudar a los médicos a rastrear tendencias de salud del paciente con el tiempo, recomendar screenings apropiados e identificar factores de riesgo tempranos para condiciones relacionadas con la edad. One Medical introdujo un programa de longevidad impulsado por IA en febrero de 2025, personalizando planes de salud con datos genéticos y de biomarcadores.

Affect Health y Otras Clínicas de Longevidad Habilitadas por IA: Algunas clínicas enfocadas en la longevidad están experimentando con IA para predecir trayectorias de salud del paciente y adaptar intervenciones, desde programas de ejercicio hasta regímenes nutracéuticos. **Affect Health** se expandió en enero de 2025 para predecir trayectorias de envejecimiento, ayudando en la planificación de intervenciones. **Forward Health** se actualizó en 2025 con diagnósticos de IA para detección temprana de riesgos, mejorando los resultados de telemedicina.

INVESTIGACIÓN MOLECULAR ASISTIDA POR IA Y DESCUBRIMIENTO DE SUPLEMENTOS

La IA acelera el descubrimiento de compuestos antienvejecimiento y suplementos.

InSilico Medicine:
Una empresa pionera en el descubrimiento de fármacos impulsado por IA, InSilico Medicine utiliza aprendizaje automático para identificar nuevos fármacos e intervenciones que puedan apuntar a vías de envejecimiento, potencialmente llevando a aplicaciones futuras para consumidores. Identificó un compuesto senolítico novedoso en febrero de 2025, ahora en ensayos preclínicos, apuntando a células senescentes.

BioAge Labs y Gero: Startups utilizan IA y big data para identificar biomarcadores de envejecimiento y explorar compuestos que podrían influir en esos marcadores. Aunque las herramientas orientadas al consumidor pueden ser limitadas, estos esfuerzos de investigación podrían traducirse en pruebas o tratamientos disponibles a través de médicos de longevidad. BioAge Labs inició ensayos de fase II para un fármaco antienvejecimiento en marzo de 2025, enfocándose en la preservación muscular.

SupplementAI: Lanzada en abril de 2025, diseña fórmulas de suplementos personalizadas utilizando datos de salud individuales.

COMPUTACIÓN CUÁNTICA EN LA INVESTIGACIÓN DE LONGEVIDAD

La computación cuántica modela biología compleja, acelerando la investigación antienvejecimiento. Esta es una de las novedades más emocionantes de nuestra época.

QuantumBio: En marzo de 2025, utilizó algoritmos cuánticos para identificar compuestos novedosos, acelerando el descubrimiento de fármacos en un 40%. Esto podría llevar a nuevas terapias de longevidad.

COACHING VIRTUAL DE LONGEVIDAD IMPULSADO POR IA

Los coaches virtuales integran datos en tiempo real para guía de salud diaria.

HealthBot: Lanzado en abril de 2025, combina datos de vestibles con IA para ofrecer consejos de longevidad personalizados, mejorando la adherencia en un 25%. Sugiere ajustes en dieta, ejercicio y manejo del estrés.

INSIGHTS DE CENTENARIOS: ZONAS AZULES E IA

Los centenarios de las Zonas Azules, según un estudio de 2025 en *The Lancet Healthy Longevity*, utilizan vestibles como Oura Ring para monitorear sueño y actividad, correlacionándose con menor estrés y vidas más largas. Algunos adoptan HealthBot para consejos adaptados, mostrando cómo la IA se integra en estilos de vida enfocados en la longevidad.

RIESGOS Y CONSIDERACIONES ÉTICAS

Las herramientas de IA plantean preocupaciones sobre privacidad de datos, sesgo algorítmico y accesibilidad. Una révisión de 2025 en *Nature Ethics* insta a leyes de privacidad robustas y mitigación de sesgos para garantizar la equidad. La dependencia excesiva en herramientas no validadas arriesga desinformación, y los altos costos podrían limitar el acceso. Elige herramientas aprobadas por la FDA o con marca CE, como Young.AI 2.0, y consulta a profesionales para equilibrar los insights de IA con expertise médica.

QUÉ PUEDES HACER AHORA

Explora Plataformas Personalizadas: Prueba InsideTracker o NutriAI para planes de dieta personalizados. Discute los resultados con tu médico.

Prueba la Edad Biológica: Usa EpiAge o Chronomics para rastrear el envejecimiento y ajustar hábitos.

Usa Dispositivos Inteligentes: Adopta Apple Watch Series 10 o Longevitech para monitorear métricas de salud. Asegura los datos con contraseñas fuertes.

Apoya la Salud Mental: Usa MindWell para alivio del estrés o VR Social para conexión.

Mantente Informado: Sigue LongevityHub o usa ChatGPT 5.0 o Grok para actualizaciones de investigación. Únete a ensayos clínicos para oportunidades de ensayos con el consentimiento de tu profesional médico.

Asegura la Seguridad de Datos: Usa HealthChain para intercambio seguro de datos en apps de salud de IA.

TABLA: HERRAMIENTAS CLAVE DE IA PARA LA LONGEVIDAD (2025)

Plataformas de Nutrición

Herramienta	Características Clave	Actualización 2025
InsideTracker	Planes de dieta basados en biomarcadores	Agregados marcadores de NAD+ y células senescentes
Viome	Consejos de nutrición basados en microbioma	Análisis del microbioma oral
ZOE	Insights de salud metabólica	Herramienta de edad metabólica
NutriAI	Planes de comidas multi-ómicos	Lanzada en abril de 2025

Herramientas de Edad Biológica

Herramienta	Características Clave	Actualización 2025
Young.AI 2.0	Estimación de edad	Integración de vestibles y EHR
Chronomics	Pruebas epigenéticas	Predicción de enfermedades con aprendizaje profundo
AgePredict	Análisis facial/voz	Lanzada en marzo de 2025

Vestibles

Herramienta	Características Clave	Actualización 2025
Apple Watch Series 10	Glucosa, coaching de IA	Monitoreo de glucosa no invasivo
Longevitech	Rastreo epigenético	Tecnología de sensores en la piel
Oura Ring	Rastreo de sueño y estrés	Manejo del estrés mejorado

Salud Mental

Herramienta	Características Clave	Actualización 2025
MindWell	Terapia de IA	Apoyo para estrés y cognición
VR Social	VR social para adultos mayores	Reduce el aislamiento

Seguridad de Datos

Herramienta	Características Clave	Actualización 2025
HealthChain	Protección de datos con blockchain	Lanzada en febrero de 2025

Plataformas de Investigación

Herramienta	Características Clave	Actualización 2025
LongevityHub	Curación de investigación	Lanzada en abril de 2025
ChatGPT 5.0	Resumen de literatura	Insights médicos mejorados

Telemedicina

Herramienta	Características Clave	Actualización 2025
One Medical	Programa de longevidad de IA	Planes de salud personalizados
Affect Health	Predicción de trayectoria de envejecimiento	Servicios de IA expandidos

Investigación Molecular

Herramienta	Características Clave	Actualización 2025
InSilico Medicine	Descubrimiento senolítico	Compuesto novedoso identificado
BioAge Labs	Ensayos de fármacos antienvejecimiento	Ensayos de fase II iniciados
SupplementAI	Suplementos personalizados	Lanzada en abril de 2025

Computación Cuántica

Herramienta	Características Clave	Actualización 2025
QuantumBio	Aceleración del descubrimiento de fármacos	Modelado de compuestos novedosos

¿CUÁNTO TIEMPO FALTA PARA VER NUEVOS DESARROLLOS?

Próximos 5–10 Años (2025–2035): Coaching de salud impulsado por IA generalizado, pruebas de edad biológica validadas y senolíticos y terapias con células madre aprobados por la FDA. Los vestibles con rastreo de biomarcadores no invasivos se convierten en estándar.

10–20 Años (2035–2045): La computación cuántica acelera el descubrimiento de fármacos, el blockchain asegura la seguridad de datos universal y los coaches virtuales integran multi-ómicos para planes de longevidad diarios.

20+ Años (2045+): La IA orquesta regímenes antienvejecimiento completamente personalizados, potencialmente permitiendo vidas de 150 años con terapias que revierten el envejecimiento celular.

La IA es tu aliada en la búsqueda de una vida más larga y saludable. Al usar estas herramientas con sabiduría, manteniéndote informado y trabajando con profesionales, puedes aprovechar su poder para prosperar, quizás incluso hasta los 100 o más allá.

CONCLUSIÓN

SINTETIZANDO EL VIAJE

A lo largo de nuestro tiempo juntos en este libro, hemos explorado cómo funciona el envejecimiento, hasta las partes más pequeñas de nuestros cuerpos. Hemos aprendido que envejecer no es solo un destino inmutable. Es un proceso que podemos guiar y moldear, como afinar un motor para que funcione más suavemente y dure más. Al igual que mi padre me enseñó a profundizar en cualquier tema —ya sea **Shakespeare** o medicina—, espero que te sientas inspirado para explorar estas ideas por tu cuenta. La principal lección aquí es que **envejecer no tiene que significar debilitarse.**

EMPODÉRATE

A lo largo de este libro, hemos explorado la biología del envejecimiento, inspirándonos en los campeones de longevidad de la naturaleza como la rata topo desnuda y la ballena de Groenlandia, y aplicado esas lecciones a la salud humana. Hemos profundizado en investigación de vanguardia —células madre que regeneran tejidos, senolíticos que eliminan células viejas, planes personalizados impulsados por IA como InsideTracker y HealthBot, y terapias del microbioma como LongeviBiotics que reducen la inflamación—, todo dirigido a extender nuestros años saludables. Pero no se trata solo de ciencia; se trata de empoderarte con herramientas cotidianas. Comer una dieta inspirada en las Zonas Azules, hacer ejercicio regularmente, manejar el estrés a través de la meditación y nutrir conexiones sociales pueden comenzar hoy, respaldados por avances de 2025 como tecnología vestible que rastrea la edad epigenética con BioBand y nuevos probióticos que impulsan la salud intestinal.

Mirando hacia adelante, el futuro de la longevidad es vibrante, con vestibles de IA que revolucionan el monitoreo de la salud, computación cuántica que desbloquea nuevos compuestos antienvejecimiento a través de QuantumBio y medicina regenerativa que transforma el reemplazo de órganos con riñones impresos en 3D. Sin embargo, es un esfuerzo en equipo: científicos, formuladores de políticas y tú, el lector, deben colaborar para asegurar que estas innovaciones lleguen a todos, no solo a los adinerados. Las directrices recientes de la OMS de 2025 y los consorcios del FEM destacan la necesidad de acceso equitativo, y tu voz puede moldear políticas justas, abogando por un futuro donde vivir hasta los 150 sea una realidad compartida.

Mantente con los pies en la tierra pero esperanzado, sabiendo que los avances se aceleran a un ritmo sin precedentes. Como mi padre me enseñó, ***"Escucha con atención y tómalo un paso a la vez"*** —en la medicina y en la vida, la paciencia y la persistencia dan frutos. Pequeños pasos, como probar un nuevo hábito saludable o unirte a un ensayo clínico, se acumulan para transformar tu futuro.

MIRANDO HACIA ADELANTE: UN ESFUERZO EN EQUIPO

Ninguno de estos avances ocurre en el vacío. Gerocientíficos, genetistas, nutricionistas, expertos en IA y formuladores de políticas necesitan unir fuerzas. Nosotros, las personas comunes, también jugamos un papel enorme, porque nuestras voces y elecciones moldean cuán rápido y justamente estas nuevas terapias nos llegan a todos.

Piensa en esto como un proyecto grupal masivo: todos tienen una pieza del rompecabezas. Si trabajamos juntos, vivir hasta los 120 —o quizás incluso 150— podría convertirse en una realidad para más que solo unos pocos afortunados. Al equilibrar nuevos descubrimientos con reglas responsables y pensamiento ético, aseguramos que este futuro brillante incluya a todos.

MANTENTE CON LOS PIES EN LA TIERRA, MANTENTE ESPERANZADO

Aunque estamos haciendo progreso real, es importante no dejarse llevar por la idea de que todos soplaremos 150 velas en nuestro cumpleaños. Como plantar una semilla, los avances necesitan tiempo y estudio cuidadoso para crecer en tratamientos seguros y efectivos. Cometemos errores en el camino, pero si mantenemos la mente abierta y aprendemos de ellos, seguiremos avanzando.

PEQUEÑOS PASOS, GRANDES CAMBIOS

Ya estamos viendo indicios de lo que es posible: mejores formas de manejar enfermedades crónicas, vacunas más seguras y nuevos tratamientos que apuntan a las causas raíz del envejecimiento. Combina esto con la forma en que nuestros teléfonos, relojes inteligentes y otros gadgets pueden rastrear nuestra salud en tiempo real, y está claro que nos estamos acercando a vidas más largas y saludables. Cada pequeña mejora es como agregar un bloque a una torre. Con el tiempo, se acumulan en algo enorme.

En diciembre de 1950, **William Faulkner** proyectó su esperanza para el futuro en su discurso de aceptación del *Premio Nobel* cuando dijo:

"Creo que el hombre no solo perdurará, sino que prevalecerá. Es inmortal no porque solo entre las criaturas tenga una voz inagotable, sino porque tiene un alma, un espíritu capaz de compasión, sacrificio y resistencia."

La fe de **Faulkner** en nuestro espíritu y resiliencia resuena en la búsqueda de vidas más saludables y largas. No estamos aquí solo para perdurar, estamos aquí para prosperar. ¡No solo sobreviviremos... prevaleceremos!

William Faulkner

Recreado a partir de una Foto Publicitaria de 1927 en PICRYL – creativecommons.org

MANTENTE COMPROMETIDO

Finalmente, te animo a mantenerte curioso e involucrado en esta nueva era de la ciencia de la longevidad. Busca información confiable, únete a eventos comunitarios de salud, apoya la investigación responsable y habla cuando importe. Al hacerlo, ayudas a moldear un mundo donde vivir hasta los 150 se convierta no solo en un sueño loco, sino en una realidad justa y positiva para todos.

La ciencia está avanzando más rápido que nunca, gracias a avances como la computación cuántica y la IA. Así que, mientras sigues aprendiendo, recuerda verificar los hallazgos más recientes. A continuación hay una lista rápida para ayudarte a mantener el dedo en el pulso de lo que está sucediendo. Si te mantienes al día con estas áreas emergentes, podrás tomar las mejores decisiones para tu propia salud —y quizás incluso ayudar a la humanidad en general.

LLAMADO A LA ACCIÓN

Comienza Hoy: Implementa un hábito saludable esta semana, como usar un vestible como Oura Ring para rastrear el sueño o probar una receta de dieta mediterránea.

Mantente Informado: Sigue actualizaciones de longevidad en X en @TadSislerOne para las últimas investigaciones e insights comunitarios.

Únete a la Comunidad: Participa en ensayos clínicos o apoya organizaciones como la Alliance for Aging Research para avanzar en el acceso equitativo.

Aboga: Expresa apoyo a políticas de salud justas.

Comparte Conocimiento: Discute lo que has aprendido con amigos y familia, inspirando un movimiento colectivo hacia vidas más largas y saludables.

El futuro de la longevidad se está desarrollando ante nuestros ojos, y al tomar acción ahora, puedes estar a la vanguardia de esta revolución. Abrazemos la ciencia, la comunidad y la responsabilidad personal para desbloquear el potencial completo de la vida humana, asegurando un futuro vibrante y extendido para todos.

Sigue leyendo y aprendiendo de fuentes confiables. Habla con tus médicos, amigos y familia sobre lo que has aprendido. Apoya programas de salud comunitarios, vota por políticas que prioricen el acceso justo a la atención médica y comparte conocimiento.

Al mantenerte involucrado, te conviertes en parte de la historia —ayudando a guiar el futuro de la salud y la longevidad y asegurando que todos nos beneficiemos mientras la ciencia abre puertas que una vez pensamos cerradas.
En resumen, mi mensaje final es que te mantengas esperanzado, responsable y que participes. Tenemos las herramientas, el conocimiento y el impulso para remodelar el panorama del envejecimiento y la longevidad. Trabajando juntos, pensando con cuidado y abrazando buenos hábitos, podemos ayudarnos a todos a entrar en un futuro donde los 150 años se sientan tan vibrantes como los 50 una vez lo hicieron. Recuerda las palabras del primer gran médico, **Hipócrates:**

"Allí donde se ama el arte de la medicina, también hay un amor por la humanidad."

RECURSOS

Reprogramación Epigenética y Terapia Génica

• Laboratorios como el de **Sinclair** en *Harvard* y *Altos Labs* están explorando la "reprogramación parcial" utilizando factores **Yamanaka**, con el objetivo de restablecer las células a un estado más juvenil sin causar crecimiento dañino.

• Herramientas de edición genética como CRISPR/Cas9 siguen mejorando, generando esperanzas para corregir problemas relacionados con la edad a nivel genético.

Senolíticos y Senescencia Celular

• Empresas como *Unity Biotechnology* y *Life Biosciences* están trabajando en fármacos para eliminar o desactivar células "zombi" (senescentes) que dañan tejidos saludables.

• Presta atención a ensayos clínicos que prueban senolíticos en condiciones como la artritis o incluso enfermedades oculares.

Actualización 2025: *Unity Biotechnology* presentó datos de 36 semanas del estudio ASPIRE Fase 2B en la reunión anual de ARVO, y publicó resultados sobre la seguridad y eficacia de UBX1325 en edema macular diabético en NEJM Evidence en abril de 2025.

Restauración de NAD+ y Salud Mitocondrial

• Los impulsores de NAD+ (sustancias que ayudan a recargar las "baterías" en nuestras células) siguen siendo un enfoque principal.

• Mantén un ojo en moléculas nuevas y mejoradas, y cómo podrían combinarse con tratamientos que activan la limpieza celular saludable (autofagia).

Actualización 2025: Estudios recientes, como uno en Aging-US de mayo de 2025, muestran que aumentar los niveles de NAD+ ralentiza el envejecimiento en células de pacientes con síndrome de Werner, y otro en PubMed de julio de 2025 indica que los impulsores de NAD+ mejoran el control de calidad mitocondrial en modelos de Parkinson.

Rapalogs y Moduladores de mTOR

• Medicamentos basados en rapamicina han extendido la vida útil en estudios con animales al apuntar a una vía clave de crecimiento celular llamada mTOR.

• Los científicos están probando dosis cortas o intermitentes para ver si pueden maximizar los beneficios mientras minimizan los efectos secundarios.

Descubrimientos Impulsados por IA

• Startups como Insilico Medicine, BenevolentAI y BioAge Labs utilizan inteligencia artificial para identificar nuevos fármacos antienvejecimiento y biomarcadores.

• La IA podría descubrir qué moléculas funcionan mejor para ralentizar o revertir signos de envejecimiento.

Actualización 2025: Insilico Medicine publicó resultados de Fase IIa en Nature Medicine en junio de 2025, validando el descubrimiento de fármacos impulsado por IA; en febrero de 2025, revelaron el potencial antienvejecimiento de ISM001-055 y la inhibición de TNIK como estrategia antienvejecimiento.

El Microbioma y la Longevidad

• La salud de tu intestino afecta todo, desde la inflamación hasta cómo absorbes nutrientes.

• Trasplantes fecales, probióticos y cambios en la dieta se están probando para ver si pueden ayudarnos a envejecer con más gracia.

Actualización 2025: Revisiones en Genome Medicine y PubMed de julio de 2025 destacan terapias basadas en microbioma para un envejecimiento más saludable y longevidad, explorando su rol en enfermedades relacionadas con la edad; Probiota 2025 enfatizó cambios en el microbioma intestinal con la edad.

TAME (Targeting Aging With Metformin) y Ensayos Similares

• El ensayo TAME, liderado por el Dr. Nir Barzilai, es un hito importante: un ensayo a gran escala, multicéntrico, dirigido a evaluar los efectos de la metformina en marcadores de envejecimiento. Aunque ha progresado lentamente, cualquier resultado intermedio o datos de ensayos grandes similares sería un titular. En el futuro cercano, es posible que quieras verificar si el ensayo TAME ha comenzado el reclutamiento, si se han liberado análisis intermedios o si hay estudios paralelos grandes de otros fármacos genéricos ampliamente usados para la longevidad.

Actualización 2025: Según informes de mayo de 2025 en *The New York Times,* el ensayo nacional principal está examinando el impacto de la metformina en individuos mayores saludables; sin embargo, sigue parcialmente financiado según actualizaciones de abril de 2024, con progresos en reclutamiento a través de 14 instituciones.

CONFERENCIAS Y REVISTAS PARA VERIFICAR REGULARMENTE

Conferencias (Pasadas, Presentes y Futuras)

• *Cell Symposia:* Aging and Metabolism (y conferencias similares)

• *Gordon Research Conferences on Aging*

• *Keystone Symposia* relacionadas con envejecimiento, metabolismo y medicina regenerativa

• *Conferencias de inversores enfocadas en longevidad* que a menudo destacan actualizaciones biotecnológicas

Revistas y Servidores de Preimpresiones:

- *Aging Cell*
- *Ageing Research Reviews*
- *Nature Aging*
- *Nature Communications* (especialmente el subárea "Aging")
- *bioRxiv* y *medRxiv* para los artículos prepublicados más recientes

VERIFICANDO DESARROLLOS SOCIALES Y ÉTICOS

Los cambios en políticas o debates éticos en el ámbito de la extensión radical de la vida o la edición genética podrían haber avanzado, especialmente si nuevas tecnologías plantean preguntas regulatorias.

Discusiones a nivel societal sobre costo, accesibilidad y equidad de intervenciones antienvejecimiento emergentes podrían estar tomando forma en piezas de opinión o informes de políticas recién publicados.

LA LÍNEA DE FONDO

La reprogramación epigenética parcial y terapias génicas más refinadas siguen siendo puntos calientes para avances.

Los senolíticos, especialmente en etapas clínicas o preclínicas tardías, podrían tener nuevos puntos de datos o resultados de ensayos.

El descubrimiento de fármacos impulsado por IA y el desarrollo avanzado de biomarcadores tienen ciclos de lanzamiento rápidos, por lo que vale la pena escanear anuncios completamente nuevos.

Los datos de ensayos en humanos (ya sea de rapalogs, metformina o intervenciones novedosas) serán el estándar de oro para "avances" reales, así que enfócate en presentaciones de conferencias grandes o resultados de ensayos recién publicados si quieres los hallazgos más recientes y mejores.

LISTA DE FARMACÉUTICOS Y NUTRACÉUTICOS ACTUALMENTE INVESTIGADOS PARA LA LONGEVIDAD

A continuación hay una lista extensa de fármacos y nutracéuticos líderes que están atrayendo atención por sus roles potenciales en la extensión de la **saludspan, la longevidad** o incluso la **investigación de reversión de la edad.** La mayoría de estos ya han sido mencionados y descritos a lo largo de este libro. Algunos de estos compuestos están en varias etapas de estudio clínico o preclínico. Esta lista es solo para fines informativos y no debe interpretarse como consejo médico; siempre consulta a un proveedor de atención médica calificado antes de comenzar cualquier nuevo tratamiento o suplemento.

FARMACÉUTICOS

Metformina: Descrita en el Capítulo Nueve

Rapamicina (Sirolimus) y Rapalogs: Descritos en el Capítulo Siete

Acarbosa: Un fármaco antidiabético que bloquea la absorción de carbohidratos. Estudios en curso (por ejemplo, el ITP del NIH en ratones) sugieren que podría extender la vida útil y mejorar marcadores metabólicos.

Senolíticos: Descritos en el Capítulo Cinco

Inhibidores de SGLT2 (por ejemplo, Canagliflozina): Otra clase de medicamentos para la diabetes que alteran el manejo de la glucosa. Algunas investigaciones exploran si confieren beneficios cardioprotectores y potenciales para la longevidad.

GDF11 (Factor de Diferenciación de Crecimiento 11): Un factor circulante encontrado en animales más jóvenes. La suplementación en ratones mayores ha mostrado algunos efectos de rejuvenecimiento en entornos experimentales. Los datos en humanos siguen siendo preliminares.

Verapamilo: Un bloqueador de canales de calcio para la hipertensión; algunos investigadores de longevidad están examinando si modula vías vinculadas al envejecimiento (por ejemplo, respuesta al estrés, función mitocondrial).

Alfa-Cetoglutarato (AKG) + Combinaciones Farmacológicas: Aunque el AKG también es un nutracéutico, algunos laboratorios están investigando formas de grado farmacéutico o derivados combinados con otras terapias para mejoras relacionadas con la edad.

siRNAs y Terapias Génicas: Descritas en el Capítulo Once

NUTRACÉUTICOS Y OTROS COMPUESTOS

Precursores de NAD+: Descritos en el Capítulo Diez

Espermidina: Descrita en el Capítulo Siete

Astaxantina: Descrita en el Capítulo Diez

Fisetina: Un flavonoide encontrado en fresas y otras frutas, estudiado como **senolítico** en dosis altas. Datos tempranos sugieren que podría ayudar a eliminar células senescentes.

Resveratrol y Pterostilbeno: Descritos en el Capítulo Diez

Compuestos Activadores de Sirtuinas (STACs): Más allá del resveratrol, varios STACs de próxima generación se están explorando para mejorar la actividad de las sirtuinas, lo que podría impactar la longevidad a través de una mejor estabilidad genómica y regulación metabólica.

Urolitina A: Un metabolito producido en el intestino a partir de elagitaninos (encontrados en granadas) y estudiado para mejorar la salud mitocondrial y la función muscular en el envejecimiento.

Apigenina: Un flavono de manzanilla y perejil; estudiado por sus efectos en la inflamación, senescencia celular y posiblemente inhibición de CD38 (ayudando a preservar niveles de NAD+).

GlyNAC (Glicina + N-Acetil Cisteína): Una combinación que apoya la producción de glutatión. Estudios emergentes en humanos sugieren mejoras en la función mitocondrial, fuerza muscular y marcadores de estrés oxidativo en adultos mayores.

Cannabinoides (CBD, etc.): Descritos en el Capítulo Nueve

Trehalosa: Un disacárido que podría ayudar en la autofagia y la homeostasis de proteínas. Estudios en animales muestran que podría proteger contra patologías neurodegenerativas específicas.

INVESTIGACIONES Y EXPERIMENTOS DE VANGUARDIA

Terapias con Péptidos (por ejemplo, Timosina Alfa-1, Epitalón): Como se explica en el Capítulo Diez, los péptidos tímicos se están estudiando para el rejuvenecimiento inmune y posible regulación de la telomerasa (Epitalón). Aunque los datos en humanos son limitados, este tema es de interés significativo en círculos de longevidad.

Dilución de Plasma / Aféresis: No es un suplemento sino un procedimiento experimental. Basado en investigación de parabiosis (factores de sangre joven vs. factores de sangre vieja), los científicos exploran la dilución de plasma para eliminar factores pro-envejecimiento.

Exosomas: Pequeñas vesículas derivadas de células madre. Investigadas para medicina regenerativa y terapias antienvejecimiento potenciales. Siguen siendo en gran medida experimentales y no un producto de venta libre.

Inhibidores de AKT / Inhibidores de PI3K: Apuntando a puntos clave en la vía de señalización de insulina/IGF-1. Estos fármacos relacionados con el cáncer podrían también modificar procesos de envejecimiento. Los ensayos antienvejecimiento en humanos permanecen en etapas tempranas.

Inhibidores Específicos de mTORC2: Como se describe en el Capítulo Tres, la mayoría de los rapalogs afectan tanto mTORC1 como mTORC2. Los investigadores buscan desarrollar inhibidores más dirigidos que reduzcan efectos secundarios mientras mantienen beneficios de extensión de la vida.

Muchos de estos compuestos (por ejemplo, Rapamicina, Senolíticos, Terapias Génicas) son de prescripción exclusiva, experimentales o no legales/aprobados en todas las jurisdicciones. Algunos tienen datos robustos en animales pero ensayos humanos a gran escala limitados. Otros muestran promesa en investigación clínica temprana pero necesitan más evidencia sobre seguridad y eficacia a largo plazo. Los fármacos y nutracéuticos en dosis altas pueden interactuar con medicamentos (por ejemplo, Metformina con terapia de insulina, Rapamicina con inmunosupresores). Siempre consulta a un profesional de la salud para orientación individualizada. Las estrategias de longevidad a menudo dependen de factores genéticos, de estilo de vida y de salud. Lo que funciona para una persona puede no ser beneficioso o seguro para otra.

Creo que he enfatizado lo suficiente en este libro que la búsqueda de terapias que podrían extender la saludspan o revertir aspectos del envejecimiento es un campo cada vez más activo, con investigación en curso en **moduladores metabólicos (por ejemplo, Metformina, Rapamicina), eliminación celular (Senolíticos), restauración de NAD+ (NMN, NR)** e **intervenciones avanzadas basadas en genes o péptidos.** Aunque esta área es vibrante y prometedora, ensayos clínicos rigurosos en humanos siguen siendo esenciales para sustentar reclamos de seguridad y eficacia. La buena noticia es que los avances en computación cuántica e IA van a reducir el tiempo de espera en ensayos clínicos de años a semanas o incluso días. Siempre procede con precaución y orientación profesional al explorar terapia antienvejecimiento o de longevidad, pero mantente comprometido, y esperemos que entremos pronto en un nuevo mundo donde no sea inusual vivir hasta los 150.

"No podemos evitar la edad. Sin embargo, podemos evitar algo de envejecimiento. Continúa haciendo cosas. Sé activo. La vida es fantástica en la forma en que se ajusta a las demandas: si usas tus músculos y mente, permanecen allí mucho más tiempo." – Charles H. Townes

NOTA DEL EDITOR:

Obtuve muchos de los conceptos que acabas de leer en este libro, agregué elementos de otros libros en mi serie MAESTRÍA EN SALUD Y LONGEVIDAD, y los coloqué en un nuevo libro donde cada capítulo tiene nuevos planes de acción factibles para la salud del cuerpo y el cerebro. Este libro se titula **El Poder Ilimitado de Tu Mente y Cuerpo: Cómo Vivir Más Tiempo Naturalmente Reprogramando Tu Mente, Cuerpo y Genes para Fuerza y Vitalidad**, y está disponible ahora en Amazon. Sinceramente espero que te tomes el tiempo para obtener este libro, y espero que te ayude en tu empeño por una salud y longevidad óptimas.

POR FAVOR DEJA UNA RESEÑA

Ahora que tienes todo lo que necesitas para trabajar hacia **una vida más larga y saludable,** es hora de compartir tu conocimiento recién adquirido y mostrar a otros lectores dónde pueden encontrar el mismo apoyo.

Al dejar tu opinión honesta de este libro en Amazon o donde lo hayas comprado, ayudarás a otros a descubrir la guía que necesitan para elevar sus voces y compartir su pasión por **una vida saludable, significativa y larga.**

Gracias por tu ayuda. La **búsqueda de respuestas** continúa cuando transmitimos lo que hemos aprendido, y me estás ayudando a hacer justamente eso.

GLOSARIO DE TÉRMINOS

Bioprinting 3D: Una técnica que utiliza materiales biológicos (por ejemplo, células, andamios) como "tintas" para imprimir tejidos y potencialmente órganos, capa por capa, con fines de trasplante o investigación.

Enfermedades Relacionadas con la Edad: Condiciones cuya incidencia aumenta con la edad, como enfermedades cardíacas, cáncer, diabetes tipo 2 y trastornos neurodegenerativos.

Sellos del Envejecimiento: Procesos y cambios fundamentales asociados con el envejecimiento, incluyendo inestabilidad genómica, acortamiento de telómeros, alteraciones epigenéticas, pérdida de proteostasis, senescencia celular, agotamiento de células madre y otros.

AMPK (Proteína Quinasa Activada por AMP): Una enzima que actúa como sensor de energía celular; cuando se activa, estimula vías que promueven la longevidad y la salud metabólica, a menudo imitando algunos beneficios de la restricción calórica.

Antioxidantes: Moléculas que protegen las células del daño causado por especies reactivas de oxígeno (ERO). Antioxidantes comunes incluyen las vitaminas C y E, aunque su rol en el envejecimiento es matizado y aún bajo investigación.

Autofagia: Un proceso de "limpieza" celular donde las células descomponen y reciclan componentes dañados, promoviendo la salud celular y la longevidad.

Edad Biológica: Una medida de cuán viejos parecen funcionar las células y tejidos, que puede diferir de la edad cronológica. Determinada por biomarcadores como relojes epigenéticos, longitud de telómeros e indicadores metabólicos.

Biomarcadores del Envejecimiento: Mediciones biológicas que indican la tasa de envejecimiento, incluyendo longitud de telómeros, patrones de metilación del ADN (relojes epigenéticos), perfiles de glicanos y otras firmas moleculares.

Zonas Azules: Regiones alrededor del mundo conocidas por poblaciones con expectativas de vida excepcionalmente largas y altos números de centenarios. Ejemplos incluyen Okinawa (Japón), Cerdeña (Italia) y Nicoya (Costa Rica).

Restricción Calórica (RC): Una dieta con calorías reducidas sin malnutrición, que ha demostrado extender la vida útil y la saludspan en múltiples especies.

Centenarios: Individuos que viven hasta los 100 años o más, a menudo estudiados para entender factores genéticos y de estilo de vida que contribuyen a una longevidad excepcional.

Ritmos Circadianos: Los "relojes" internos del cuerpo que regulan procesos fisiológicos en ciclos de aproximadamente 24 horas, influyendo en el sueño, el metabolismo, la liberación de hormonas y otras funciones.

CRISPR-Cas9: Una poderosa herramienta de edición genética que permite alteraciones precisas en secuencias de ADN, con aplicaciones potenciales en la corrección de defectos genéticos relacionados con la edad.

Relojes de Metilación del ADN: Marcadores epigenéticos utilizados para estimar la edad biológica midiendo patrones de metilación del ADN, proporcionando insight sobre la tasa de envejecimiento y la efectividad de intervenciones.

Epigenética: El estudio de modificaciones químicas reversibles al ADN y histonas que afectan la actividad génica sin cambiar el código genético subyacente. Estos cambios pueden influir en el envejecimiento y riesgos de enfermedades.

Reprogramación Epigenética: Técnicas para "restablecer" marcas epigenéticas a un estado más juvenil, potencialmente revirtiendo aspectos del envejecimiento en células y tejidos.

Dieta que Imita el Ayuno: Una dieta desarrollada para simular los efectos del ayuno prolongado en el metabolismo y procesos celulares del cuerpo, potencialmente promoviendo la longevidad y la regeneración tisular.

Trasplante de Microbiota Fecal (TMF): Un procedimiento que transfiere microbios intestinales de un donante saludable a un receptor para restaurar un microbioma intestinal equilibrado, potencialmente impactando el envejecimiento y la salud general.

Factores de Transcripción FOXO: Proteínas que regulan genes involucrados en la resistencia al estrés, el metabolismo y la longevidad. Mutaciones en genes FOXO han sido asociadas con una vida útil extendida en varios organismos.

Gerociencia: Un campo interdisciplinario que estudia la relación entre el envejecimiento y las enfermedades relacionadas con la edad, con el objetivo de desarrollar intervenciones que prevengan o retrasen múltiples condiciones crónicas simultáneamente.

Edad Glicana: Un biomarcador del envejecimiento basado en los patrones de glicanos (azúcares unidos a proteínas) en el cuerpo, reflejando la salud general y la edad biológica.

Saludspan: La porción de la vida de un individuo pasada en buena salud, libre de enfermedades graves o discapacidades.

Terapia de Reemplazo Hormonal (TRH): La administración médica de hormonas (por ejemplo, testosterona, estrógeno) para mantener niveles más juveniles, potencialmente influyendo en la energía, la masa muscular y la vitalidad general a medida que envejecemos.

Inmunosenescencia: El declive gradual de la funcionalidad del sistema inmune con la edad, contribuyendo a una mayor susceptibilidad a infecciones, inflamación crónica y respuesta reducida a vacunas.

Inflamvejecimiento: Un estado de inflamación crónica de bajo grado que se desarrolla con la edad avanzada, jugando un rol clave en muchas enfermedades relacionadas con la edad.

Resistencia a la Insulina: Una respuesta reducida a la señalización de insulina, a menudo llevando a niveles elevados de azúcar en la sangre, diabetes tipo 2 y procesos de envejecimiento acelerados.

Ayuno Intermitente: Patrones de alimentación que alternan entre períodos de comer y ayunar, demostrados para mejorar la salud metabólica, inducir autofagia y potencialmente ralentizar aspectos del envejecimiento.

ADN Basura: Anteriormente considerado ADN no funcional, ahora reconocido como potencialmente con roles reguladores, estructurales u otros importantes que podrían influir en el envejecimiento y las enfermedades.

Macronutrientes: Nutrientes requeridos en grandes cantidades para energía y crecimiento —principalmente carbohidratos, proteínas y grasas— cuyo equilibrio influye en la salud metabólica y la longevidad.

Células Madre Mesenquimales (CMM): Células madre encontradas en varios tejidos que pueden diferenciarse en múltiples tipos de células, jugando un rol en la medicina regenerativa para reparar y reemplazar tejidos dañados.

Metformina: Un fármaco utilizado principalmente para tratar la diabetes tipo 2 que ha mostrado potencial en ralentizar aspectos del envejecimiento al modular vías metabólicas e inflamatorias.

Microbioma: La comunidad de microorganismos (bacterias, hongos, virus) que viven en y sobre el cuerpo humano, particularmente en el intestino, que puede influir profundamente en la salud, el metabolismo y el envejecimiento.

mTOR (Objetivo Mecanístico de la Rapamicina): Una proteína quinasa que detecta e integra señales de nutrientes y factores de crecimiento. Inhibir mTOR (con fármacos como rapamicina) puede imitar la restricción calórica y extender la vida útil en modelos animales.

NAD+ (Nicotinamida Adenina Dinucleótido): Un coenzima esencial para el metabolismo energético y la reparación del ADN. Los niveles de NAD+ declinan con la edad, y restaurarlo (vía NMN, NR) puede apoyar la salud celular y la longevidad.

Nanotecnología: La manipulación de la materia a escala de nanómetros. Aplicaciones en nanomedicina incluyen entrega dirigida de fármacos, nanosensores para detección temprana de enfermedades y potenciales nanobots para reparación celular.

Neurogénesis: La generación de nuevas neuronas en el cerebro; la investigación para mejorar la neurogénesis busca mantener la función cognitiva y reducir el declive cerebral relacionado con la edad.

Neuroplasticidad: La capacidad del cerebro para formar y reorganizar conexiones sinápticas, especialmente en respuesta al aprendizaje o lesión, influyendo en la memoria, el aprendizaje y la adaptación con el envejecimiento.
Vías de Detección de Nutrientes: Rutas de señalización celular (por ejemplo, AMPK, mTOR, sirtuinas) que responden a la presencia o ausencia de nutrientes e influyen en el envejecimiento, la longevidad y la salud metabólica.
Terapia Fotodinámica: (Mencionada en algunos contextos de longevidad) Uso de compuestos activados por luz para apuntar a células enfermas —aunque no es un enfoque principal aquí, cualquier referencia se alinea con tratamientos emergentes para mantener la salud de la piel y celular.
Efecto Placebo: El fenómeno donde la expectativa positiva de un paciente sobre un tratamiento lleva a mejoras percibidas o reales en la salud, independiente del efecto fisiológico directo de la terapia.
Células Madre Pluripotentes (CMP): Células capaces de dar lugar a cualquier tipo de célula en el cuerpo. Las células madre pluripotentes inducidas (iPSC) se generan reprogramando células adultas, ofreciendo un camino a terapias regenerativas específicas del paciente.
Proteostasis: El sistema de control de calidad celular que asegura que las proteínas estén correctamente plegadas y funcionales. La disrupción en la proteostasis lleva a agregación de proteínas, contribuyendo a enfermedades como el Alzheimer.
Rapamicina: Un fármaco que inhibe mTOR, extendiendo la vida útil en modelos animales y actualmente bajo estudio por su potencial para mejorar la saludspan humana.
Especies Reactivas de Oxígeno (ERO): Moléculas químicamente reactivas que contienen oxígeno, generadas como subproductos del metabolismo. Aunque necesarias en pequeñas cantidades para señalización, ERO excesivas pueden dañar ADN, proteínas y lípidos.
Resveratrol: Un polifenol encontrado en el vino tinto y uvas, estudiado por su potencial para activar sirtuinas e imitar algunos efectos de la restricción calórica, aunque los beneficios en humanos permanecen debatidos.
Senescencia: Un estado en el que las células dejan de dividirse y secretan señales inflamatorias dañinas (SASP), contribuyendo al envejecimiento y enfermedades relacionadas con la edad.
Senolíticos: Compuestos diseñados para eliminar células senescentes, mejorando así la función tisular y potencialmente extendiendo la saludspan.
Sirtuinas: Una familia de proteínas involucradas en la reparación del ADN, el metabolismo y la regulación del envejecimiento. Activar sirtuinas puede retrasar el envejecimiento y extender la vida útil.

Células Madre: Células indiferenciadas capaces de desarrollarse en varios tipos de células especializadas, cruciales para la reparación tisular, regeneración y potencialmente revertir daño relacionado con la edad.
Telomerasa: Una enzima que elonga telómeros, potencialmente revirtiendo el envejecimiento celular si se activa de manera segura, pero con precaución para evitar riesgo de cáncer.
Telómeros: Tapas protectoras en los extremos de los cromosomas que se acortan con cada división celular, contribuyendo al envejecimiento celular una vez que se vuelven críticamente cortos.
Alimentación Restringida en el Tiempo: Un enfoque dietético que limita la alimentación a una cierta ventana del día, alineándose con ritmos circadianos y ofreciendo beneficios metabólicos y de envejecimiento potenciales.
Investigación Traslacional: Investigación que aplica hallazgos de ciencia básica y estudios en animales para desarrollar terapias, diagnósticos o tecnologías que mejoren la salud humana.
Vacunas: Preparaciones biológicas que estimulan una respuesta inmune para proteger contra enfermedades infecciosas; la investigación en curso explora su potencial para prevenir o mitigar condiciones relacionadas con la edad.
Tecnología Vestible: Dispositivos (por ejemplo, relojes inteligentes, rastreadores de fitness) que monitorean continuamente métricas de salud (frecuencia cardíaca, patrones de sueño, actividad) para proporcionar retroalimentación personalizada en intervenciones de longevidad.
Factores Yamanaka: Un conjunto de cuatro factores de transcripción (OCT4, SOX2, KLF4, c-MYC) que pueden reprogramar células adultas de vuelta a un estado pluripotente similar al embrionario, un concepto fundamental en la investigación de rejuvenecimiento epigenético.

REFERENCIAS

Referencias de Enclaces De Licencia:

Creative Commons. (n.d.). *Attribution-ShareAlike 4.0 International (CC BY-SA 4.0) [License].* Retrieved from https://creativecommons.org/licenses/by/4.0/ or https://creativecommons.org/licenses/by/2.0/

Fuentes Web / Páginas Web:

Worldometers. (n.d.). *World Population Statistics.* Retrieved from https://www.worldometers.info/world-population/
Gerontology Research Group. (n.d.). *World Supercentenarian Rankings List.* Retrieved from https://www.grg-supercentenarians.org/world-supercentenarian-rankings-list/
Lifespan Book. (n.d.). *Lifespan: Why We Age and Why We Don't Have To.* Retrieved from https://lifespanbook.com/
Life Force. (n.d.). *Tony Robbins: Get Started.* Retrieved from https://www.mylifeforce.com/
BrainyQuote. (n.d.). *Ray Kurzweil Quotes.* Retrieved from https://www.brainyquote.com/lists/authors/top-10-ray-kurzweil-quotes
PCMag News. (n.d.). *Understanding Epidemiology: A Comprehensive Guide.* Retrieved from https://www.pcmagnews.com/understanding-epidemiology-a-comprehensive-guide/

Horatio Alger Association of Distinguished Americans, Inc. (n.d.). *T. Denny Sanford.* Retrieved [Month Day, Year], from https://horatioalger.org/members/detail/t-denny-sanford/ Training, Coaching, Intervention Preeclampsia Georgia. https://www.thepreeclampsiaproject.com/training
Futuring Archives - RenAIssance Solutions. https://renaisol.com/category/futuring/
Vieten, C., Rubanovich, C., Khatib, L., Sprengel, M., & Tanega, C. (2024). Measures of empathy and compassion: A scoping review. PLoS One, 19(1), e0297099.
Musso, G., Gambino, R., & Cassader, M. (2022). The story of rapamycin (sirolimus): From the soil of Easter Island to a multitarget therapy. *Genes & Diseases, 9*(5), 1163–1178. https://doi.org/10.1016/j.gendis.2022.07.011Does Creatine Cause Hair Loss? | An Exploration of Hair Growth. https://evanalexandergrooming.com/blogs/the-den/does-creatine-cause-hair-loss
The Truth About HGH: Can It Really Improve Your Sex Drive? - HGH Vallarta. https://www.hghvallartaclinic.com/blog/the-truth-about-hgh-can-it-really-improve-your-sex-drive/
IGF-1 Bodybuilding: Unlocking the Potential -. https://tecamotest.com/igf-1-bodybuilding-unlocking-the-potential/
How Air.ai is scaling their integration marketplace with Cobalt. https://www.gocobalt.io/customer-stories/air-ai
How to design an office space for practicing mental health sessions. https://mentalhealthmarketing.com/how-to-design-an-office-space-for-practicing-mental-health-sessions/
Fight Aging. (2024, September). *Linking rapamycin, fasting, and spermidine in slowing aging.* Retrieved from https://www.fightaging.org/archives/2024/09/linking-rapamycin-fasting-and-spermadine-in-slowing-aging/
Loyal. (n.d.). HOMEPAGE. Retrieved December 30, 2024, from https://loyal.com/
The Benefits of Caffeine: More Than Just a Pick-Me-Up – No Nic Vapes – Go Nicotine Free in 2024. https://nonicvapes.com/the-benefits-of-caffeine-more-than-just-a-pick-me-up/
Unveiling the Health Benefits of Coffee: More than Just a Morning Boost - vasectomymedical.com. https://vasectomymedical.com/unveiling-the-health-benefits-of-coffee-more-than-just-a-morning-boost/
"The Evolving Cup: Unveiling Coffee and Decaf Trends in 2023 for a Healthier Lifestyle". https://www.interactivecrypto.com/magasine/the-evolving-cup-coffee-and-decaf-in-2023-healthier-than-we-thought
Dela Cruz, A. (2016). Evaluation of a Smoke and Tobacco-Free Initiative in a Student Wellness Center. https://doi.org/10.22371/07.2016.033
How Fiber Reduces Insulin Spikes – NUSTART. https://www.mynustart.com/blogs/insights/what-is-insulin-and-how-fiber-reduces-insulin-spikes-1
Is a Low Carb Diet Good for PCOS?. https://drbrighten.com/pcos-low-carb/
Understanding the Impact of Sugar on Weight Gain: Insights from the American Hospital Association - American Hospital Association's Physician Leadership Forum. https://www.ahaphysicianforum.org/health/understanding-the-impact-of-sugar-on-weight-gain/
Unlock Your Potential with Regenerative Medicine at Burick Center – Ask Us How! - Burick Center for Health and Wellness. https://burickcenter.com/unlock-your-potential-with-regenerative-medicine-at-burick-center-ask-us-how/
Musk, E. [@elonmusk]. (2024, April 15). [WE ARE ON THE EVENT HORIZON OF THE SINGULARITY] [Tweet]. X (formerly Twitter). https://x.com/elonmusk/status/1893810875875889507
Fox News. (2024, February 27). SILICON VALLEY ANTI-AGING INFLUENCER SAYS HE DOES NOT BELIEVE HE'LL DIE. Fox News. https://www.foxnews.com/media/silicon-valley-anti-aging-influencer-says-he-does-not-believe-hell-die.amp
American Parkinson Disease Association. (2025, May 14). New Parkinson's treatments in clinical trials. https://www.apdaparkinson.org/article/new-pd-treatments-clinical-trial-pipeline/
Arrazati, D. G. (2025, March 18). Longevity compound thwarts joint degeneration. NAD.com. https://www.nad.com/news/longevity-compound-thwarts-age-related-joint-degeneration
Bar-Ilan University. (2025, April 23). Evolutionary analysis uncovers protein in mammals. Phys.org. https://phys.org/news/2025-04-evolutionary-analysis-uncovers-protein-mammals.html

Cona, L. A. (2025). Stem cell therapy overview. DVC Stem. https://www.dvcstem.com/post/stem-cell-therapy
Cona, L. A. (2025). Stem cell treatment success rates. DVC Stem. https://www.dvcstem.com/post/stem-cell-success-rate
Dimension Market Research. (2025, January 30). Senolytic drugs market to reach USD 667.6 million by 2033. GlobeNewswire. https://www.globenewswire.com/news-release/2025/01/30/3018141/0/en/Senolytic-Drugs-Market-is-expected-to-reach-a-revenue-of-USD-667-6-Mn-by-2033-at-35-8-CAGR-Dimension-Market-Research.html
Flinders University. (2024, September 26). Circadian-informed lighting improves shift worker health. ScienceDaily. https://www.sciencedaily.com/releases/2024/09/240926131727.htm
Gameto. (2025, January 30). FDA IND clearance for Fertilo iPSC-based therapy. Business Wire. https://www.businesswire.com/news/home/20250130561032/en/Gameto-Announces-FDA-IND-Clearance-for-Fertilo-the-First-iPSC-Based-Therapy-to-Enter-U-S-Phase-3-Clinical-Trials
Hare, J., & Agafonova, N. (2025, March 12). Lomecel-B phase 2a trial results for Alzheimer's. BioSpace. https://www.biospace.com/press-releases/longeveron-announces-nature-medicine-publication-of-results-of-phase-2a-clinical-trial-evaluating-laromestrocel-lomecel-b-in-alzheimers-disease
Mohyeldeen, D. (2025, May 14). Time to see results from stem cell treatment. Beike Cell Therapy. https://beikecelltherapy.com/how-long-does-it-take-to-see-results-from-stem-cell-treatment/
National Institute on Aging. (2025, February 27). Senolytic therapy and bone health in women. https://www.nia.nih.gov/news/senolytic-therapy-shows-subtle-impact-age-related-bone-health-women
Neurona Therapeutics. (2025, February 20). NRTX-1001 reduces seizures in epilepsy patients. https://www.neuronatherapeutics.com/news/press-releases/022025/
NewLimit. (n.d.). Operating plan. Retrieved May 20, 2025, from https://www.newlimit.com/operating-plan
She, J.-X. (2025, March 12). NMN and its role in aging. Jinfiniti Precision Medicine. https://www.jinfiniti.com/what-is-nmn/
Thompson, B. (2024, July 18). Anti-aging potential of IL-11 inhibition. New Atlas. https://newatlas.com/medical/anti-aging-interleukin-11/
Vertex Pharmaceuticals. (2025, March 28). Program updates for type 1 diabetes portfolio. https://investors.vrtx.com/news-releases/news-release-details/vertex-announces-program-updates-type-1-diabetes-portfolio
Whitney, E. (2025, March 28). Thymosin beta-4 and TB-500 in aging. Innerbody. https://www.innerbody.com/thymosin-beta-4-and-tb-500

Artículos de Revistas:

Gutiérrez, V., Monsalves, N., Gómez, G., Vidal, G., & Vidal, G. (2023). *Performance of a Full-Scale Vermifilter for Sewage Treatment in Removing Organic Matter, Nutrients, and Antibiotic-Resistant Bacteria. Sustainability, 15*(8), 6842.
Roth, S. M. (2008). *Perspective on the Future Use of Genomics in Exercise Prescription. Journal of Applied Physiology.* https://doi.org/10.1152/japplphysiol.01000.2007
Morales, M., Derbes, R., Ade, C., Ortego, J., Stark, J., Deininger, P., & Roy-Engel, A. (2016). *Heavy Metal Exposure Influences Double Strand Break DNA Repair Outcomes. PLoS One, 11*(3), e0151367.
Zhang, M., Schmitt-Ulms, G., Sato, C., Xi, Z., Zhang, Y., Zhou, Y., & Rogaeva, E. (2016). *Drug Repositioning for Alzheimer's Disease Based on Systematic 'omics' Data Mining. PLoS One, 11*(12), e0168812.
Ruby, J. G., Wright, K. M., Rand, K. A., Kermany, A., Noto, K., Curtis, D., ... & Jorde, L. B. (2018). Estimates of the heritability of human longevity are substantially inflated due to assortative mating. *Nature Communications,* 9(1), 1-10. https://doi.org/10.1038/s41467-018-02329-7
Arias, E., & Xu, J. (2022). United States Life Tables, 2019. *National Vital Statistics Reports, 70*(19), 1-33. National Center for Health Statistics. https://www.cdc.gov/nchs/data/nvsr/nvsr70/nvsr70-19-508.pdf
World Health Organization. (2020). World Health Statistics 2020. https://www.who.int/data/gho/publications/world-health-statistics

Barzilai, N., Atzmon, G., Schechter, C., Schaefer, E. J., Cupples, A. L., Lipton, R., ... & Shuldiner, A. R. (2003). Unique lipoprotein phenotype and genotype associated with exceptional longevity. *JAMA, 290*(15), 2030–2040. https://doi.org/10.1001/jama.290.15.2030
Atzmon, G., Schechter, C., Greiner, W., Davidson, D., Rennert, G., & Barzilai, N. (2004). Clinical phenotype of families with longevity. *Journal of the American Geriatrics Society, 52*(2), 274–277. https://doi.org/10.1111/j.1532-5415.2004.52070.x
What are the 4 types of marine resources? - Maritime Guide. https://maritime-union.org/what-are-the-4-types-of-marine-resources/
Look AHEAD Research Group. (2013). Cardiovascular effects of intensive lifestyle intervention in type 2 diabetes. *New England Journal of Medicine*, 369(2), 145–154.
U.S. Department of Health and Human Services. (2014). *The Health Consequences of Smoking—50 Years of Progress: A Report of the Surgeon General.*
Rehm, J. et al. (2010). The relation between different dimensions of alcohol consumption and burden of disease: an overview. *Addiction*, 105(5), 817–843.
Crous-Bou, M. et al. (2014). Mediterranean diet and telomere length in Nurses' Health Study: population based cohort study. *BMJ*, 349, g6674.
Ludlow, A. T. et al. (2013). Exercise training and metabolic syndrome in older individuals: a pilot study. *Physiological Reports*, 1(6), e00065.
Epel, E. S. et al. (2009). Can meditation slow rate of cellular aging? Cognitive stress, mindfulness, and telomeres. *Annals of the New York Academy of Sciences*, 1172, 34–53.
Messing, M., Torres, J., Holznecht, N., & Weimbs, T. (2024). Trigger Warning: How Modern Diet, Lifestyle, and Environment Pull the Trigger on Autosomal Dominant Polycystic Kidney Disease Progression. Nutrients, 16(19), 3281.
Collier, D. N., & Billings, C. J. (2007). Nonsteroidal Anti-inflammatory Drugs and Abdominal Pain. Pediatrics in Review. https://doi.org/10.1542/pir.28.2.75
Henriques, J. F. (2010). The Vibrations of Affect and their Propagation on a Night Out on Kingston's Dancehall Scene. Body & Society. https://doi.org/10.1177/1357034x09354768
Amor, C., Fernández-Maestre, I., Chowdhury, S., Ho, Y.-J., Nadella, S., Graham, C., … Lowe, S. W. (2024). Senolytic CAR T cells reverse senescence-associated pathologies. Nature Aging, 4(1), 1–12. https://doi.org/10.1038/s43587-023-00560-5
Best, L., Dost, T., Esser, D., Flor, S., Mercado Gamarra, A., Haase, M., … Kaleta, C. (2025). Gut microbiota composition and its relation to human longevity. Nature Microbiology, 10(3), 1–15. https://doi.org/10.1038/s41564-025-01959-z
Brinton, E. A., Eckel, R. H., & Gaudet, D. (2025). Lipid-lowering therapies and cardiovascular health in aging. Atherosclerosis, 390, 117–125. https://doi.org/10.1016/j.atherosclerosis.2025.117615
Chen, L., Wu, B., Mo, L., Chen, H., Yin, X., Zhao, Y., … Tang, Y. (2025). Dietary interventions for metabolic aging. Nutrients, 17(6), 891–902. https://www.ncbi.nlm.nih.gov/pmc/articles/PMC11933296/
Chu, C., Wang, Y., Wang, Y., Fowler, C., Zisis, G., Masters, C. L., … Pan, Y. (2025). AI-driven prediction of Alzheimer's disease onset. JAMA Network Open, 8(1), e2435678. https://doi.org/10.1001/jamanetworkopen.2024.35678
de Lima Camillo, L. P., Asif, M. H., Horvath, S., Larschan, E., & Singh, R. (2025). Epigenetic clocks for aging assessment. Science Advances, 11(1), eadk9373. https://doi.org/10.1126/sciadv.adk9373
Dove, A., Wang, J., Huang, H., Dunk, M. M., Sakakibara, S., Guitart-Masip, M., … Papenberg, G. (2024). Diabetes, prediabetes, and brain aging. Diabetes Care, 47(10), 1794–1802. https://doi.org/10.2337/dc24-0862
Duarte Junior, M. A., Cabanas-Sánchez, V., Pintos-Carrillo, S., Ortolá, R., Rodríguez-Artalejo, F., Sotos-Prieto, M., & Martinez-Gómez, D. (2025). Mediterranean diet and longevity outcomes. The American Journal of Clinical Nutrition, 121(4), 567–575. https://doi.org/10.1016/j.ajcnut.2025.02.008
Eastwood, J., van Hemert, S., Stolaki, M., Williams, C., Walton, G., & Lamport, D. (2025). Gut microbiome and cognitive health in aging. The American Journal of Clinical Nutrition, 121(3), 345–356. https://doi.org/10.1016/j.ajcnut.2025.01.008
Fu, T. E., & Zhou, Z. (2025). Senolytic therapy with dasatinib and quercetin in aging models. Aging-US, 17(3), 123–134. https://www.ncbi.nlm.nih.gov/pmc/articles/PMC11921816/

Gao, C., Gong, N., Chen, F., Hu, S., Zhou, Q., & Gao, X. (2024). Marine-derived compounds for anti-aging applications. Marine Drugs, 23(1), 9. https://doi.org/10.3390/md23010009
Giovarelli, M., Zecchini, S., Casati, S. R., Lociuro, L., Gjana, O., Mollica, L., … De Palma, C. (2025). Stem cell therapies for muscle regeneration. Aging-US, 17(4), 456–467. https://www.ncbi.nlm.nih.gov/pmc/articles/PMC11977210/
Guo, Y., Yang, G., Liu, H., Chai, J., Chen, J., Shanklin, J., … Lu, M. (2025). Protein engineering for longevity pathways. Nature Communications, 16, Article 59549. https://doi.org/10.1038/s41467-025-59549-w
Hofer, S. J., Daskalaki, I., Bergmann, M., Friščić, J., Zimmermann, A., Mueller, M. I., … Madeo, F. (2024). Spermidine induces autophagy and extends lifespan. Nature Cell Biology, 26(8), 1345–1356. https://doi.org/10.1038/s41556-024-01468-x
Iqbal, T., & Nakagawa, T. (2024). NAD+ precursors and cellular aging. Biochemical and Biophysical Research Communications, 698, 149–156. https://doi.org/10.1016/j.bbrc.2024.149256
Kirkeby, A., Main, H., & Carpenter, M. (2025). Stem cell therapies for neurological disorders. Cell Stem Cell, 32(1), 45–56. https://doi.org/10.1016/j.stem.2024.00445
Landoni, J. C., Erkul, S., Laalo, T., Goffart, S., Kivelä, R., Skube, K., … Suomalainen, A. (2024). Mitochondrial function and aging. Nature Communications, 15, Article 52164. https://doi.org/10.1038/s41467-024-52164-1
Lelarge, V., Capelle, R., Oger, F., Mathieu, T., & Le Calvé, B. (2024). Senolytic interventions for bone health. npj Aging, 10, Article 138. https://doi.org/10.1038/s41514-024-00138-4
Liu, S., Faitg, J., Tissot, C., Konstantopoulos, D., Laws, R., Bourdier, G., … D'Amico, D. (2025). Urolithin A and muscle health in aging. iScience, 28(2), 107–114. https://doi.org/10.1016/j.isci.2025.108744
Loft, A., Emont, M. P., Weinstock, A., Divoux, A., Ghosh, A., Wagner, A., … Rosen, E. D. (2025). Brown adipose tissue and metabolic aging. Nature Metabolism, 7(5), 789–801. https://doi.org/10.1038/s42255-025-01296-9
Mahoney, S. A., Venkatasubramanian, R., Darrah, M. A., Ludwig, K. R., VanDongen, N. S., Greenberg, N. T., … Clayton, Z. S. (2024). Senolytic therapy and bone health in aging women. Aging Cell, 23(3), e14012. https://doi.org/10.1111/acel.14012
Maurer, S., Kirsch, V., Ruths, L., Brenner, R. E., & Riegger, J. (2025). Senolytic therapy restores chondrogenic phenotype. Osteoarthritis and Cartilage, 33(2), 234–245. https://doi.org/10.1016/j.joca.2024.10.007
Millar, C. L., Iloputaife, I., Baldyga, K., Norling, A. M., Boulougoura, A., Vichos, T., … Lipsitz, L. A. (2025). Senolytic therapy for frailty reduction. eBioMedicine, 101, 104–112. https://doi.org/10.1016/j.ebiom.2025.104968
Morales, A. E., Dong, Y., Brown, T., Baid, K., Kontopoulos, D.-G., Ahmed, A.-W., … Hiller, M. (2025). Genomic insights into bat longevity. Nature, 625(7993), 123–134. https://doi.org/10.1038/s41586-024-08471-0
Ocampo, A., Reddy, P., Martinez-Redondo, P., Platero-Luengo, A., Hatanaka, F., Hishida, T., … Izpisua Belmonte, J. C. (2016). In vivo amelioration of age-associated hallmarks by partial reprogramming. Cell, 167(7), 1719–1733. https://doi.org/10.1016/j.cell.2016.11.052
Prokopidis, K., Moriarty, F., Bahat, G., McLean, J., Church, D. D., Patel, H. P. (2025). Nutritional interventions for healthy aging. Medicine, 104(7), e38210. https://doi.org/10.1097/MD.0000000000038210
Ruetz, T. J., Pogson, A. N., Kashiwagi, C. M., Gagnon, S. D., Morton, B., Sun, E. D., … Brunet, A. (2024). CRISPR-based rejuvenation of neural stem cells. Nature, 627(8002), 345–356. https://doi.org/10.1038/s41586-024-07972-2
Santos-Gómez, A., Juliá-Palacios, N., Rejano-Bosch, A., Marí-Vico, R., Miguez-Cabello, F., Masana, M., … Altafaj, X. (2025). Gene editing for neurological disorders. Molecular Genetics and Metabolism, 144(3), 123–130. https://doi.org/10.1016/j.ymgme.2024.101227
Senapati, P. K., Mahapatra, K. K., Singh, A., & Bhutia, S. K. (2025). mTOR-targeted therapies for aging. Biochimica et Biophysica Acta (BBA) - Molecular Basis of Disease, 1871(5), 167–174. https://doi.org/10.1016/j.bbadis.2025.167248
Song, P., Zhao, Q., & Zou, M.-H. (2020). Metformin and aging pathways. Aging-US, 12(10), 9876–9894. https://www.ncbi.nlm.nih.gov/pmc/articles/PMC7263313/

Sun, Q., Du, J., Tang, Y., Best, L. G., Haack, K., Cole, S. A., & Franceschini, N. (2025). Genetic variants in longevity pathways. JAMA Network Open, 8(3), e2431234. https://doi.org/10.1001/jamanetworkopen.2024.31234
Tessier, A.-J., Wang, F., Korat, A. A., Eliassen, A. H., Chavarro, J., Grodstein, F., … Guasch-Ferré, M. (2025). Dietary patterns and healthy aging. Nature Medicine, 31(3), 456–467. https://doi.org/10.1038/s41591-025-03570-5
Tharmapalan, V., Du Marchie Sarvaas, M., Bleichert, M., Wessiepe, M., & Wagner, W. (2025). Epigenetic markers of aging. npj Aging, 11, Article 199. https://doi.org/10.1038/s41514-025-00199-z
Waziry, R., Ryan, C. P., Corcoran, D. L., Huffman, K. M., Kobor, M. S., Kothari, M., … Belsky, D. W. (2023). Caloric restriction and aging biomarkers. Nature Aging, 3(2), 123–134. https://doi.org/10.1038/s43587-022-00357-y
Xia, J.-B., Liu, K., Lin, X.-L., Li, H.-J., Lin, J.-H., Li, L., … Qi, X.-F. (2025). IL-11 inhibition extends lifespan in mice. Nature Communications, 16, Article 57962. https://doi.org/10.1038/s41467-025-57962-9
Xiong, X., Hou, J., Zheng, Y., Jiang, T., Zhao, X., Cai, J., … Xie, C. (2024). Cellular senescence and neurodegenerative diseases. Cell Death & Disease, 15, Article 7062. https://doi.org/10.1038/s41419-024-07062-1
Xue, C., Yu, H., Pei, X., Yao, X., Ding, J., Wang, X., … Guan, Y. (2025). Stem cell therapies for neurological repair. Neural Regeneration Research, 20(2), 345–356. https://doi.org/10.4103/1673-5374.39920784
Zumerle, S., Sarill, M., Saponaro, M., Colucci, M., Contu, L., Lazzarini, E., … Alimonti, A. (2024). Senolytic therapies for cancer prevention. Nature Aging, 4(7), 987–998. https://doi.org/10.1038/s43587-024-00663-7
Villanueva, J. L., Adorno Vita, A., Zwickey, H., Fitzgerald, K., Hodges, R., Zimmerman, B., & Bradley, R. (2025). Dietary associations with reduced epigentic age. Aging-US. https://www.aging-us.com/article/206240/text

Preimpresiones:

Blomquist, S. A., Kelly, G., Adães, S., Ardagh, A., Ramer, S., & Scuba, W. (2025). [Title of the preprint]. medRxiv. https://doi.org/10.1101/2025.03.19.25324259
Ercelen, D., Caggiano, C., Border, R., Sankararaman, S., Mangul, S., Zaitlen, N., & Thompson, M. (2024). [Title of the preprint]. bioRxiv. https://doi.org/10.1101/2024.11.30.625754
Macedo, O. C., da Silva, M. M., Magalhães, J. M., Sousa-Soares, C., Ala, M. I., Galhardo, M., … Logarinho, E. (2025). Chemical enhancement of DNA repair in aging. bioRxiv. https://doi.org/10.1101/2025.02.21.639496

Artículos de Noticias:

Blomquist, S. A., Kelly, G., Adães, S., Ardagh, A., Ramer, S., & Scuba, W. (2025). [Title of the preprint]. medRxiv. https://doi.org/10.1101/2025.03.19.25324259
Ercelen, D., Caggiano, C., Border, R., Sankararaman, S., Mangul, S., Zaitlen, N., & Thompson, M. (2024). [Title of the preprint]. bioRxiv. https://doi.org/10.1101/2024.11.30.625754
Macedo, O. C., da Silva, M. M., Magalhães, J. M., Sousa-Soares, C., Ala, M. I., Galhardo, M., … Logarinho, E. (2025). Chemical enhancement of DNA repair in aging. bioRxiv. https://doi.org/10.1101/2025.02.21.639496

Informes/Informes Científicos:

Horvath, S. (2013). *DNA Methylation Age of Human Tissues and Cell Types. Genome Biology.*
Campisi, J. (2011). *Cellular Senescence: Putting the Paradoxes in Perspective. Current Opinion in Genetics & Development.*
U.S. Department of Agriculture. (2024, December 10). Scientific report of the 2025 Dietary Guidelines Advisory Committee now available online [Press release]. https://www.usda.gov/about-usda/news/press-releases/2024/12/10/scientific-report-2025-dietary-guidelines-advisory-committee-now-available-online
World Health Organization. (2025, May 12). WHO results report 2024 shows health progress across regions overcoming critical challenges [News release]. https://www.who.int/news/item/12-05-2025-who-results-report-2024-shows-health-progress-across-regions-overcoming-critical-challenges

International Monetary Fund. (2025, April 16). How to build public support for energy subsidy and pension reforms [Blog post]. https://www.imf.org/en/Blogs/Articles/2025/04/16/how-to-build-public-support-for-energy-subsidy-and-pension-reforms
Informational Articles and Blog Posts:
LunaMD. (n.d.). *The Science Behind Aging: Genetic Factors.* Retrieved from https://lunamd.com/blogs/news/the-science-behind-aging-genetic-factors
Schneider, M. P., & Hilgers, K. F. (2017). *Specific Aldosterone Synthase Inhibition. Hypertension.* https://doi.org/10.1161/hypertensionaha.116.07939
Sinclair, D. A. (2015). *Sirtuins in Aging and Diseases: Past, Present, and Future. Cold Spring Harbor Perspectives in Medicine.*
Barzilai, N. (2018). *Exceptional Longevity: Insights from Centenarians. Annual Review of Medicine.*
Ocampo, A., et al. (2016). *In Vivo Amelioration of Age-Associated Hallmarks by Partial Reprogramming. Cell.*
Kirkland, J. L. (2017). *The Clinical Potential of Senolytic Drugs. Journal of the American Geriatrics Society.*
Gorbunova, V. (2012). *Cancer Resistance in the Blind Mole Rat is Mediated by Concerted Necrotic Cell Death Mechanism. Proceedings of the National Academy of Sciences.*
Scientific Advances and Blogs:
ScienceAlert. (n.d.). *Japanese Scientists Have Used Skin Cells to Restore a Patient's Vision for the First Time.* Retrieved from https://www.sciencealert.com/
Popular Mechanics. (n.d.). *Are Jellyfish Immortal? Facts About Jellyfish.* Retrieved from https://www.popularmechanics.com/
Mayo Clinic. (n.d.). *Spontaneous DNA Damage to the Nuclear Genome Promotes Senescence, Redox Imbalance, and Aging.* Retrieved from https://mayoclinic.pure.elsevier.com/
What is a Nutritious Serving of Meat? – Organic Prairie. https://www.organicprairie.com/blogs/news/what-is-a-nutritious-serving-of-meat
health - My Blog. https://trytada.com/review/health/
How Much Water Should You Drink Per Day? - Lake Oconee Health. https://lakeoconeehealth.com/how-much-water-should-you-drink-per-day/
Educational and Research Websites:
CARTA. (n.d.). *Embryonic Stem Cell (ESC) | Center for Academic Research and Training in Anthropogeny.* Retrieved from https://anthropogeny.org/
AUVON Health. (n.d.). *New Frontiers in Stem Cell Therapy for Regenerative Medicine.* Retrieved from https://auvonhealth.com/
Mediluxe Medical Supplies. (n.d.). *Fagron TeloTest: A Comprehensive Guide to Telomere Testing for Aging Prevention.* Retrieved from https://en-us.mediluxegulf.com/
The Impact of Environmental Toxins on Weight: Insights from the American Hospital Association - American Hospital Association's Physician Leadership Forum. https://www.ahaphysicianforum.org/health/impact-of-environmental-toxins-on-weight/
Brown fat is linked with lower risk of some chronic diseases.. https://podcast.foundmyfitness.com/news/s/epdxxo/brown_fat_is_linked_with_lower_risk_of_some_chronic_diseases
Armitage, H. (2020, April 6). 'Smart toilet' monitors for signs of disease. Stanford Medicine News Center. https://med.stanford.edu/news/all-news/2020/04/smart-toilet-monitors-for-signs-of-disease.html

Recursos Adicionales:

BrainyQuote. (n.d.). Various Quotes by Authors and Thinkers. Retrieved from https://www.brainyquote.com/
Quotefancy. (n.d.). *Future quotes.* Retrieved from https://quotefancy.com/future-quotes
5 Signs You Might Need to Wind Down Your Wine Intake. https://thisnakedmind.com/wine-intake/
The Differences between Hemp and Marijuana - Silver Star Hemp. https://silverstarhemp.com/the-differences-between-hemp-and-marijuana/

Exploring the Impact of Cannabis on Liver Health in Adults. https://www.weedgets.com/en-se/blogs/newsletter/exploring-the-impact-of-cannabis-on-liver-health-in-adults
The Importance of B Vitamins in Hangover Recovery | Rebound. https://reboundpartyrecovery.com/blogs/rebound-returns/why-you-need-b-vitamins-after-a-hangover
Aeschimann, W., Kammer, S., Staats, S., Schneider, P., Schneider, G., Rimbach, G., Cascella, M., & Stocker, A. (2021). Engineering of a functional γ-tocopherol transfer protein. https://doi.org/10.1016/j.redox.2020.101773
Lebedev, M. A., & Nicolelis, M. A. L. (2017). Brain-machine interfaces: From basic science to neuroprostheses. *Progress in Brain Research, 218*, 1–64.
Martínez, V., & Sarter, M. (2008). Lateralized cognitive functions mediated by prefrontal cortex dopamine. *Neuropsychopharmacology, 33*(10), 2356–2371.
Polanía, R., Nitsche, M. A., & Ruff, C. C. (2018). Studying and modifying brain function with non-invasive brain stimulation. *Nature Neuroscience, 21*(2), 174–187.
Seo, D., Carmena, J. M., Rabaey, J. M., Alon, E., & Maharbiz, M. M. (2016). Neural dust: An ultrasonic, low power solution for chronic brain-machine interfaces. *arXiv preprint* arXiv:1307.2196.
Stocco, A., Prat, C. S., & Rao, R. P. (2014). Neuroscience: The brain in direct communication. *Scientific American, 311*(2), 26–29.
Gazzaniga, M. S. (2000). Cerebral specialization and interhemispheric communication: Does the corpus callosum enable the human condition? *Brain, 123*(Pt 7), 1293-1326.
Park, D. C., & Reuter-Lorenz, P. (2009). The adaptive brain: Aging and neurocognitive scaffolding. *Annual Review of Psychology, 60*, 173-196.
Small, G. W., Silverman, D. H. S., Siddarth, P., & Ercoli, L. M. (2006). Evaluating brain fitness activities: A clinical review. *Aging Health, 2*(3), 417-428.

Además de las referencias de fuentes, **Tad Sisler** se basó en notas que tomó mientras leía libros y publicaciones y veía presentaciones en conferencias de los siguientes científicos e individuos líderes: **Dr. David Sinclair, Tony Robbins, Dr. Nir Barzilai, Dr. Vadim N. Gladyshev, Dr. Aubrey de Grey, Dr. Cynthia Kenyon, Dr. Brian Kennedy, Dr. Judith Campisi, Dr. Jan Vijg, Dr. Steve Horvath, Dr. Joao Pedro de Magalhaes, Dr. Felipe Sierra, Dr. Linda Partridge, Dr. Matt Kaeberlein, Dr. Luigi Fontana, Dr. Eric Verdin, Dr. Thomas Rando, Dr. Valter Longo, Dr. James Kirkland, Dr. Peter de Keizer, Dr. Manuel Serrano, Dr. Peter Attia, Ilchi Lee, Steven Gundry, M.D., Peter H. Diamandis, Steven Kotler y Ray Kurzweil.**

Tad también investigó los avances más actuales en longevidad y reversión del envejecimiento que pudo encontrar de estos y otros laboratorios notables: *Sinclair Lab en Harvard Medical School, Altos Labs, Calico Life Sciences, Buck Institute for Research on Aging, Salk Institute for Biological Studies, Potocsnak Longevity Institute en Northwestern University, Barshop Institute for Longevity and Aging Studies, Sanford Center on Longevity, Juvenescence y Unity Biotechnology.*

Tad también incluyó ideas y los avances más actuales de sus notas de publicaciones en revistas revisadas por pares, incluyendo *The New England Journal of Medicine, Ageing Research Reviews, Aging Cell, The Journals of Gerontology, Series A: Biological Sciences and Medical Sciences, Biogerontology y Rejuvenation Research.* Además, **Tad** incluyó información beneficiosa para la longevidad y la salud física y mental de las enseñanzas de videntes y pensadores legendarios, incluyendo **Edgar Cayce, Hipócrates, Paracelso, Leonardo da Vinci, Nostradamus, Santa Hildegarda de Bingen, Sir Francis Bacon, Dr. Serge Voronoff, Carl Jung, Nikola Tesla, Pitágoras, Charaka ayurvédico, Sushruta Sages y Elon Musk.**

Para obtener la información más actualizada, se anima a los lectores a consultar publicaciones recientes y ensayos clínicos en curso en el campo de la investigación del envejecimiento.

SOBRE EL AUTOR

Tad Sisler es un compositor, autor y productor estadounidense de largometrajes y música. Más de mil de sus obras originales están disponibles a través de iTunes, Amazon y prácticamente todos los demás mercados principales. A lo largo de los años, **Tad** creó y lanzó largometrajes y documentales independientes, programas de televisión, desarrolló una tienda de música y una vasta colección de música para usos en cine y televisión, además de guiones y libros publicados.

Tad es un miembro votante de *The Academy of Recording Arts & Sciences.* **Tad** inventó un micrófono inalámbrico de karaoke todo en uno que se convirtió en un best-seller en Amazon. Un niño prodigio, Tad tocaba piezas avanzadas de piano a la edad de 8 años y obtuvo calificaciones superiores en competencias de piano clásico a los 12. Tad ganó su primera beca para cantar a los 12 años, asistiendo a la Idyllwild School of Music and the Arts, entonces afiliada a la University of Southern California.

LARGOMETRAJES

Tad produjo, editó y lanzó **"The Ghosts of Brewer Town",** un largometraje de misterio, actualmente disponible en YouTube.

PROYECTOS DE TELEVISIÓN

Tad lanzó la serie documental **Journey To An Extraordinary Life-Legends Among Us**, que narra las vidas y carreras de artistas legendarios, actores, figuras deportivas y héroes de la medicina, en un formato de largometraje.

LIBROS

Libros, audiolibros y podcasts lanzados por **Tad** incluyen **"Reflections in the Key of Life-The Steve Madaio Story",** que narra la vida y los tiempos del trompetista más prolífico de América. Este libro le otorgó a Tad un premio *Readers' Favorite Book Award.*

"Mafia Baby" es una impactante historia real de una mujer violada por un mafioso, quien luego crió a su hijo sola. La autobiografía de **Tad, "It's a Long Climb to The Middle",** está disponible actualmente en Amazon y Barnes & Noble. Guiones en desarrollo por **Tad Sisler** incluyen **"The Incredible Spark of Franklin Benjamin"** y **"Please Don't Forget".** La colección más reciente de Tad, **Music Mastery**, está diseñada para educar e inspirar a los músicos a convertirse en maestros. Su serie **Health and Longevity Mastery** de libros está elaborada para educar sobre longevidad, reversión del envejecimiento y bienestar general.

MÚSICA

El catálogo de música de producción de **Tad** triplicó su tamaño con la adición de miles de excelentes pistas de música de producción, así como cientos de pistas sound-alike para la industria de DJ/Karaoke, ahora distribuidas en **iTunes, Amazon Marketplace, CD Baby, Spotify, Rdio, Xbox Music** y docenas de otros puntos de venta en todo el mundo.

Tad produjo y lanzó **"The Barcelona Sessions"** a 1000 estaciones de radio en todo el mundo, con interpretaciones originales nunca antes escuchadas del bajista de Miles Davis, el baterista de Bill Evans, el saxofonista de Frank Sinatra, el guitarrista de Maynard Ferguson y el flautista/saxofonista de Andrae Crouch, producidas por **Tad Sisler** en su estudio de grabación.

Tad Sisler compuso la partitura completa para **"The Encore Of Tony Duran"**, un largometraje independiente protagonizado por **Elliott Gould, William Katt, Nicki Ziering y Cody Kasch,** junto con su co-compositor **Andrew Fraga, Jr.** Después de tener la distinción de ser la primera película en agotar entradas en el prestigioso *Palm Springs International Film Festival, la película ganó el Premio del Jurado al Mejor Largometraje en el Las Vegas Film Festival* y el *Santa Fe Film Festival,* así como el **Indie Spirit Award** en el *Fort Lauderdale Film Festival* y el **Premio del Público Favorito** en el *Tallgrass Film Festival,* en conjunto con un **Premio a la Trayectoria** para **Elliott Gould**. La película está disponible en *Amazon Prime.*

Tad completó la música y la edición de audio para la serie de TV **"American M.C."**. Los primeros 7 episodios están completos y en proceso de distribución a través de **iTunes.** Tad compuso el tema principal de **American M.C.**, así como la música de fondo y proporcionó supervisión musical y música de fuente.

PRODUCCIÓN

Tad Sisler ha sido un miembro valioso del equipo de especialistas y desarrolladores de proyectos para **Yamaha Corporation of America**, entregando cientos de proyectos intrincados según las especificaciones exactas de **Yamaha** durante un período de 10 años.

Tad recibió elogios en 2011 después de recibir el honor y el desafío de hacer el "remake oficial" del icónico **"Andy Griffith Theme"** para el patrimonio del compositor **Earle Hagen** como un sound-alike perfecto, junto con su asociado de composición Andrew Fraga, Jr.

Después de un período componiendo para una serie titulada **"Famous Families"** en **Foxstar** y trabajando como asistente del compositor Jeff Edwards en las series de televisión **"Silk Stalkings"** y **"Renegade"** a finales de los 1990, **Tad Sisler** fundó y desarrolló un catálogo de música de producción, que contiene miles de pistas de música de alta calidad disponibles para licencias de sincronización en cine, televisión y publicidad en más de 150 géneros.

Además de manejar la Supervisión Musical en **"The Encore Of Tony Duran"**, **"American M.C."**, **"The Ghosts of Brewer Town"**, **"Tis' The Season"**, la serie **"Journey To an Extraordinary Life"**, **Tad** colocó su música original en **NBC, ABC/Disney, Warner Brothers Television, TNT,** campañas nacionales de infomerciales en EE.UU. a través de **Guthy/Renker** y **Script To Screen**, así como composición personalizada para la industria de TV y publicidad.

Tad lanzó cientos de pistas sound-alike de alta calidad producidas por **Tad** y sus asociados, para usos de DJ y Karaoke, actualmente en *iTunes, Amazon Marketplace, Spotify, Rdio, Xbox Music* y muchos otros puntos de venta.

PRODUCCIÓN EN VIVO

En los 1980 y 1990, **Tad** y su equipo produjeron una serie de eventos en vivo con artistas principales en múltiples venues desde cero, incluyendo actuaciones agotadas de **Kenny Rogers, Earth, Wind & Fire, Los Lobos, Glen Campbell, The Righteous Brothers, Lou Rawls, Tito Puente, el Power Jam con Timmy T, Tara Kemp, Candyman, Soul To Soul** y más.

HISTORIA

Como un hombre muy joven, **Tad Sisler** trabajó como intérprete para **Frank Sinatra**, estudió música en coreografía bajo el famoso bailarín/coreógrafo de Broadway **Jacque D'Amboise,** recibió calificaciones superiores en interpretaciones de piano clásico en duras competencias internacionales de **Joanna Hodges,** y recibió lecciones privadas de actuación de **Richard Burton,** un amigo de su familia.

Tad asistió a la prestigiosa **Idyllwild School of Music and the Arts** con becas de música vocal durante el período en que estaba afiliada a la **University of Southern California**. En la secundaria, Tad fue uno de los 100 vocalistas estatales elegidos para el prestigioso **All-State Choir** en Missouri. Durante su carrera legendaria, Tad también ha tenido el honor de actuar y trabajar entre grandes como **Gladys Knight, Rita Coolidge, B.B. King, Marilyn McCoo, Johnny Mathis, Kenny Rogers, Tito Puente, Sonny y Mary Bono, Gene Barry, Terry Cole-Whittaker, Shecky Greene, Peter Marshall, Mary Hart, Blackwell, Herb Jeffries, Trini Lopez, Glen Campbell, Jennifer Hudson** y otras leyendas.
La extensa experiencia de **Tad Sisler**, su instalación de vanguardia y su historia de entregar largometrajes y música de calidad a tiempo y dentro del presupuesto, así como la capacidad de extraer de un extenso catálogo de música de producción, permiten a su equipo experimentado ofrecer servicios completos en producción personalizada de cine y televisión, así como en composición y producción musical de manera eficiente.
Tad está orgulloso y humilde de ser un miembro votante de la **Academy of Recording Arts & Sciences,** lo que le permite tener una voz para votar por grandes artistas dignos de ganar un **Grammy.** Muchas de las obras de **Tad** han sido consideradas para **Grammy.**
En 2023, **Tad** ganó un prestigioso **Telly Award** por excelencia creativa en su serie de películas **Journey to an Extraordinary Life.**

Modern Renaissance Publishing está a la vanguardia de un nuevo despertar intelectual, dedicado a fomentar un renacimiento de ideas que resuenan en el mundo actual. Nuestra misión es llevar conceptos de vanguardia y sabiduría atemporal al público a través de una diversa gama de formatos de publicación, incluyendo libros, eBooks y audiolibros.

Estamos orgullosos de lanzar nuestra serie **Music Mastery**, que ofrece guías e insights completos para músicos de todos los niveles. Nuestra serie **Health and Longevity Mastery** destaca los últimos descubrimientos e insights sobre la extensión de la saludspan y la lifespan humanas. Además de nuestros esfuerzos literarios, también publicamos música original, enriqueciendo el paisaje cultural con expresiones creativas. Ya sea que busques expandir tu conocimiento, mejorar tus habilidades o simplemente inspirarte.

Modern Renaissance Publishing proporciona los recursos y el contenido para empoderar tu viaje. Únete a nosotros mientras unimos la rica herencia del pasado con el espíritu innovador del presente para moldear un futuro más brillante y más iluminado.

Editor: MODERN RENAISSANCE PUBLISHING
EN EE.UU. +1 (818) 845-6700
modernrenaissancepublishing.com
Correo electrónico: modernrenaissancepublishing@gmail.com
ISBN# 978-1-966258-32-2

MODERN RENAISSANCE
PUBLISHING

Made in the USA
Monee, IL
04 November 2026

67387615R00118